新时代海上工程创新技术与实践丛书

编委会主任　邱大洪
编委会副主任　练继建

海底沙波形成运移及其工程影响

臧志鹏　谢波涛　张金凤

| 编著 |

上海科学技术出版社

图书在版编目（ＣＩＰ）数据

海底沙波形成运移及其工程影响 / 臧志鹏，谢波涛，
张金凤编著. -- 上海 ： 上海科学技术出版社，2023.9
　（新时代海上工程创新技术与实践丛书）
　ISBN 978-7-5478-6271-1

Ⅰ．①海… Ⅱ．①臧… ②谢… ③张… Ⅲ．①海底－
沙波运动 Ⅳ．①P737.2

中国国家版本馆CIP数据核字(2023)第143159号

海底沙波形成运移及其工程影响
臧志鹏　谢波涛　张金凤　编著

上海世纪出版(集团)有限公司
上 海 科 学 技 术 出 版 社　出版、发行
(上海市闵行区号景路 159 弄 A 座 9F - 10F)
邮政编码 201101　www.sstp.cn
苏州工业园区美柯乐制版印务有限责任公司印刷
开本 787×1092　1/16　印张 12.5
字数 230 千字
2023 年 9 月第 1 版　2023 年 9 月第 1 次印刷
ISBN 978 - 7 - 5478 - 6271 - 1/TV・15
定价：125.00 元

内容提要

新时代海上工程创新技术与实践丛书
海底沙波形成运移及其工程影响

　　本书阐述了海底沙波的主要形成机理、动力条件及常见的研究方法和主要成果，并就海底沙波对于海底管道工程的影响进行了论述。本书研究内容涵盖了海洋动力学、泥沙运动力学等主要海洋和海岸领域力学分析原理、准则和方法，可为读者对于海底沙波这一海洋重要的地貌特征的认识和研究提供进一步帮助。

　　本书可供海洋石油开发中海底结构设计和研究相关技术人员使用，也可供高等院校相关专业研究生参考使用。

重大工程建设关键技术研究
编委会

近年来,我国各项基础设施建设的发展如火如荼,"一带一路"建设持续推进,许多重大工程项目如雨后春笋般蓬勃兴建,诸如三峡工程、青藏铁路、南水北调、三纵四横高铁网、港珠澳大桥、上海中心大厦,以及由我国援建的雅万高铁、中老铁路、中泰铁路、瓜达尔港、比雷埃夫斯港,等等,不一而足。毋庸置疑,我国已成为世界上建设重大工程最多的国家之一。这些重大工程项目就其建设规模、技术难度和资金投入等而言,不仅在国内,即使在全球范围也都位居前茅,甚至名列世界第一。在这些工程的建设过程中涌现的一系列重大关键性技术难题,通过分析探索创新,很多都得到了很好的优化和解决,有的甚至在原来的理论、技术基础上创造出了新的技术手段和方法,申请了大量的技术专利。例如,632 m 的上海中心大厦,作为世界最高的绿色建筑,其建设在超高层设计、绿色施工、施工监理、建筑信息化模型(BIM)技术等多方面取得了多项科研成果,申请到 8 项发明专利、授权 12 项实用新型技术。仅在结构工程方面,就应用到了超深基坑支护技术、超高泵送混凝土技术、复杂钢结构安装技术及结构裂缝控制技术等许多创新性的技术革新成果,有的达到了世界先进水平。这些优化、突破和创新,对我国工程技术人员将是非常宝贵的参考和借鉴。

在 2016 年 3 月初召开的全国人大全体会议期间,很多代表谈到,极大量的技术创新与发展是"十三五"时期我国宏观经济实现战略性调整的一项关键性驱动因素,是实现国家总体布局下全面发展的根本支撑和关键动力。

同时,在新一轮科技革命的机遇面前,也只有在关键核心技术上一个个地进行创新突破,才能实现社会生产力的全面跃升,使我国的科研成果和工程技术掌控两者的水平和能力尽早、尽快地全面进入发达国家行列,从而在国际上不断提升技术竞争力,而国力将更加强大! 当前,许多工程技术创新得到了广泛的认可,但在创新成果的推广应用中却还存在不少问题。在重大工程建设领域,关键工程技术难题在实践中得到突破和解决后,需要把新的理论或方法进一步梳理总结,再一次次地广泛应用于生产实践,反过来又将再次推动技术的更进一步的创新和发展,是为技术的可持续发展之巨大推动力。将创新成果进行系统总结,出版一套有分量的技术专著是最有成效的一个方法。这也是出版"重大工程建设关键技术研究"丛书的意义之所在。以推广学术上的创新为主要目标,"重大工程建设关键技术研究"丛书主要具有以下几方面的特色:

1. 聚焦重大工程和关键项目。目前,我国基础设施建设在各个领域蓬勃开展,各类工程项目不断上马,从项目体量和技术难度的角度,我们选择了若干重大工程和关键项目,以此为基础,总结其中的专业理论和专业技术使之编纂成书。由于各类工程涉及领域和专业门类众多,专业学科之间又有相互交叉和融合,难以单用某个专业来设定系列丛书,所以仍然以工程大类为基本主线,初步拟定了隧道与地下工程、桥梁工程、铁道工程、公路工程、超高层与大型公共建筑、水利工程、港口工程、城市规划与建筑共八个领域撰写成系列丛书,基本涵盖了我国工程建设的主要领域,以期为未来的重大工程建设提供专业技术参考指导。由于涉及领域和专业多,技术相互之间既有相通之处,也存在各自的不同,在交叉技术领域又根据具体情况做了处理,以避免内容上的重复和脱节。

2. 突出共性技术和创新成果,侧重应用技术理论化。系列丛书围绕近年来重大工程中出现的一系列关键技术难题,以项目取得的创新成果和技术突破为基础,有针对性地梳理各个系列中的共性、关键或有重大推广价值的技术经验和科研成果,从技术方法和工程实践经验的角度进行深入、系统而又详尽的分析和阐述,为同类难题的解决和技术的提高提供切实的理论依据和应用参考。在"复杂地质与环境条件下隧道建设关键技术丛书"(钱七虎院士任编委会主任)中,对当前隧道与地下工程施工建设中出现的关键问题进行了系统阐述并形成相应的专业技术理论体系,包括深长隧道重大突涌水灾害预测预警与风险控制、盾构工程遇地层软硬不均与极软地层的处理、类矩形盾构法、水下盾构隧道、地面出入式盾构法隧道、特长公路隧道、隧道地质三维探测、盾构隧道病害快速检测、隧道及地下工程数字化、软岩大变形隧道新型锚固材料等,使得关键问题在研究中得到了不同程度的解决和在后续工程中的有效实施。

3. 注重工程实用价值。系列丛书涉及的技术成果要求在国内已多次采用,实践证明是可靠的、有效的,有的还获得了技术专利。系列丛书强调以理论为引领,以应用为重点,以案例为说明,所有技术成果均要求以工程项目为背景,以生产实践为依托,使丛书既富有学术内涵,又具有重要的工程应用价值。如"长大桥梁建养关键技术丛书"(郑皆连院士任编委会主任、陈政清院士任副主任),围绕特大跨度悬索桥、跨海长大桥梁、多塔斜拉桥、特大跨径钢管混凝土拱桥、大跨度人行桥、大比例变宽度空间索面悬索桥等重大桥梁工程,聚焦长大桥梁的设计创新理论、施工创新技术、建设难点的技术突破、桥梁结构健康监测与状态评估、运营期维修养护等,主要内容包括大型钢管混凝土结构真空辅助灌注技术、大比例变宽度空间索面悬索桥体系、新型电涡流阻尼减振技术、长大桥梁的缆索吊装和斜拉扣挂施工、超大型深水基础超高组合桥塔、变形智能监测、基于BIM的建养一体化等。这些技术的提出以重大工程建设项目为依托,包括合江长江一桥、合江长江二桥、巫山长江大桥、桂广铁路南盘江大桥、张家界大峡谷桥、西堠门大桥、嘉绍大桥、港珠澳大桥、虎门二桥等,书中对涉及具体工程案例的相关内容进行了详尽分析,具有很好的应用参考价值。

4. 聚焦热点,关注风险分析、防灾减灾、健康检测、工程数字化等近年来出现的新兴分支学科。在绿色、可持续发展原则指导下,近年来基础建设领域的技术创新在节能减排、低碳环保、绿色土木、风险分析、防灾减灾、健康检测(远程无线视频监控)、工程使用全寿命周期内的安全与经济、可靠性和耐久性、施工技术组织与管理、数字化等方面均有较多成果和实例说明,系列丛书在这些方面也都有一定体现,以求尽可能地发挥丛书对推动重大工程建设的长期、绿色、可持续发展的作用。

5. 设立开放式框架。由于上述的一些特性,使系列丛书各分册的进展快慢不一,所以采用了开放式框架,并在后续系列丛书各分册的设定上,采用灵活的分阶段付梓出版的方式。

6. 主编作者具备一流学术水平,从而为丛书内容的学术质量打下了坚实的基础。各个系列丛书的主编均是该领域的学术权威,在该领域具有重要的学术地位和影响力。如陈政清教授,中国工程院院士,"985"工程首席科学家,桥梁结构与风工程专家;郑皆连教授,中国工程院院士,路桥工程专家;钱七虎教授,中国工程院院士,防护与地下工程专家;吴志强教授,中国工程院院士,城市规划与建设专家;等等。而参与写作的主要作者都是活跃在我国基础设施建设科研、教育和工程的一线人员,承担过重大工程建设项目或国家级重大科研项目,他们主要来自中铁隧道局集团有限公司、中交隧道工程局有限公司、中铁十四局集团有限公司、中交第一公路工程局有限公司、青岛地铁集团有限公司、上海城建集团、中交公路规划设计院有限公司、陆军研究院工程设计研究所、招商局重庆交通科研设计院有限公司、天津城建集团有限公司、浙江省交通规划设计研究院、江苏交通科学研究院有限公司、同济大学、河海大学、西南交通大学、湖南大学、山东大学等。各位专家在承担繁重的工程建设和科研教学任务之余,奉献了自己的智慧、学识和汗水,为我国的工程技术进步做出了贡献,在此谨代表丛书总编委对各位的辛劳表示衷心的感谢和敬意。

当前,不仅国内的各项基础建设事业方兴未艾,在"一带一路"倡议下,我国在海外的重大工程项目建设也正蓬勃发展,对高水平工程科技的需求日益迫切。相信系列丛书的出版能为我国重大工程建设的开展和创新科技的进步提供一定的助力。

孙钧

2017 年 12 月,于上海

孙钧先生,同济大学一级荣誉教授,中国科学院资深院士,岩土力学与工程国内外知名专家。"重大工程建设关键技术研究"系列丛书总主编。

基础设施互联互通,包括口岸基础设施建设、陆水联运通道等是"一带一路"建设的优先领域。开发建设港口、建设临海产业带、实现海洋农牧化、加强海洋资源开发等是建设海洋经济强国的基本任务。我国海上重大基础设施起步相对较晚,进入 21 世纪后,在建设海洋强国战略和《交通强国建设纲要》的指引下,经过多年发展,我国海洋事业总体进入了历史上最好的发展时期,海上工程建设快速发展,在基础研究、核心技术、创新实践方面取得了明显进步和发展,这些成就为我们建设海洋强国打下了坚实基础。

为进一步提高我国海上基础工程的建设水平,配合、支持海洋强国建设和创新驱动发展战略,以这些大型海上工程项目的创新成果为基础,上海科学技术出版社与丛书编委会一起策划了本丛书,旨在以学术专著的形式,系统总结近年来我国在护岸、港口与航道、海洋能源开发、滩涂和海上养殖、围海等海上重大基础建设领域具有自主知识产权、反映最新基础研究成果和关键共性技术、推动科技创新和经济发展深度融合的重要成果。

本丛书内容基于"十一五""十二五""十三五"国家科技重大专项、国家"863"项目、国家自然科学基金等 30 余项课题(相关成果获国家科学技术进步一、二等奖,省部级科技进步特等奖、一等奖,中国水运建设科技进步特等奖等),编写团队涵盖我国海上工程建设领域核心研究院所、高校和骨干企业,如中交水运规划设计院有限公司、中交第一航务工程勘察设计院有限公司、中交第三航务工程勘察设计院有限公司、中交第三航务工程局有限公司、中交第四航务工程局有限公司、交通运输部天津水运工程科学研究院、南京水利科学研究院、中国海洋大学、河海大学、天津大学、上海交通大学、大连理工大学等。优秀的作者团队和支撑课题确保了本丛书具有理论的前沿性、内容的原创性、成果的创新性、技术的引领性。

例如,丛书之一《粉沙质海岸泥沙运动理论与港口航道工程设计》由中交第一航务工程勘察设计院有限公司编写,在粉沙质海岸港口航道等水域设计理论的研究中,该书创新性地提出了粉沙质海岸航道骤淤重现期的概念,系统提出了粉沙质海岸港口水域总体布置的设计原则和方法,科学提出了航道两侧防沙堤合理间距、长度和堤顶高程的确定原则和方法,为粉沙质海岸港口建设奠定了基础。研究成果在河北省黄骅港、唐山港京唐港区,山东省潍坊港、滨州港、东营港,江苏省滨海港区,以及巴基斯坦瓜达尔港、印度尼西亚 AWAR 电厂码头等 10 多个港口工程中成功转化应用,取得了显著的社会和经济效益。作者主持承担的"粉砂质海岸泥沙运动规律及工程应用"项目也荣获国家科学技术进步二等奖。

在软弱地基排水固结理论中,中交第四航务工程局有限公司首次建立了软基固结理论模型、强度增长和沉降计算方法,创新性提出了排水固结法加固软弱地基效果主要影响因素;在深层水泥搅拌法(DCM)加固水下软基创新技术中,成功自主研发了综合性能优于国内外同类型施工船舶的国内首艘三处理机水下 DCM 船及新一代水下 DCM 高效施工成套核心技术,并提出了综合考虑基础整体服役性能的施工质量评价方法,多项成果达到国际先进水平,并在珠海神华、南沙三期、香港国际机场第三跑道、深圳至中山跨江通道工程等多个工程中得到了成功应用。研究成果总结整理成为《软弱地基加固理论与工艺技术创新应用》一书。

海上工程中的大量科技创新也带来了显著的经济效益,如《水运工程新型桶式基础结构技术与实践》一书的作者单位中交第三航务工程勘察设计院有限公司和连云港港 30 万吨级航道建设指挥部提出的直立堤采用单桶多隔仓新型桶式基础结构为国内外首创,与斜坡堤相比节省砂石料 80%,降低工程造价 15%,缩短建设工期 30%,创造了月施工进尺651 m 的最好成绩。项目成果之一《水运工程桶式基础结构应用技术规程》(JTS/T 167 - 16—2020)已被交通运输部作为水运工程推荐性行业标准。

其他如总投资 15 亿元、采用全球最大的海上风电复合筒型基础结构和一步式安装的如东海上风电基地工程项目,荣获省部级科技进步奖的"新型深水防波堤结构形式与消浪块体稳定性研究",以及获得多项省部级科技进步奖的"长寿命海工混凝土结构耐久性保障相关技术"等,均标志着我国在海上工程建设领域已经达到了一个新的技术高度。

　　丛书的出版将有助于系统总结这些创新成果和推动新技术的普及应用,对填补国内相关领域创新理论和技术资料的空白有积极意义。丛书在研讨、策划、组织、编写和审稿的过程中得到了相关大型企业、高校、研究机构和学会、协会的大力支持,许多专家在百忙之中给丛书提出了很多非常好的建议和想法,在此一并表示感谢。

邱大洪

2020 年 10 月

　　邱大洪先生,大连理工大学教授,中国科学院资深院士,海岸和近海工程专家。"新时代海上工程创新技术与实践丛书"编委会主任。

　　海底沙波是发育在海底床面上的一种近似规则的起伏地貌形态，是非黏性沙质海床上的常见底形，是近底流场、底床形态、沉积物输运共同作用下的复杂的时空多尺度系统。海底沙波的一个重要特征是具有活动性，可在外界水动力作用下发生迁移演化。活动的海底沙波可对海底管道、海洋平台基础、海底电缆、港口航道疏浚等工程产生重要影响。最大限度地减少和防止海底沙波等海洋地质灾害引起的工程事故的发生，已经成为海洋工程领域最热的课题之一。研究海底沙波的发育、演化和运动规律，对于海洋能源开发、港口航运、海事安全保障等领域具有重要意义。

　　我国正处于向世界海洋强国行列迈进的过程中，深海油气资源开发是国家能源安全的重要保证，具有重要的战略意义。海洋中海底沙波普遍存在且严重危害海底管道等工程，已经成为科学和工程领域关注的热点。深刻揭示海底沙波形成机理和运移规律，可以在设计和维护阶段正确认识和评估海底沙波等地质灾害的影响，以便采取积极有效的预防措施，保证海底管道等的安全运行。本书研究内容和目标符合我国深海能源开发的国家战略需求，属于自然科学基金委"十四五"优先发展领域中"深海和极地工程装备设计和运维的基础理论"的研究方向。

　　本书作者团队在海洋工程生产和研究中围绕着海底沙波及其工程影响开展了大量的工作，也积累了一定的经验。本书的编写得到了国家自然科学基金项目（51579232、51890913和52371289）及中国海洋石油集团公司"十四五"重大科技项目——《深水海底管道和立管关键技术和国产化》的资助。在编写过程中，杨阳、赵立萌、张馨心、宗昊明等对于文献的整理和文本编辑做了大量工作，在此表示感谢。

　　由于作者水平有限，而且概述涉及科学面较广，错误和不当之处在所难免，恳请广大读者批评指正。

作　者
2023 年 7 月

第 1 章

海底沙波概述

海底沙波是发育在海底床面上的一种近似规则的起伏地貌形态,在海岸、海峡、波浪碎波带、海湾河口、潮流水道等陆架近岸的束流区及一切有定向流速的陆架海区都比较适合沙波的形成,是非黏性沙质海底最常见的底形。海底沙波的波脊线通常近似垂直于陆架主水流方向,形态、规模多种多样,呈线性、丘状形态或新月形态等,有时也称为水下沙丘。海底沙波往往需要较大的水动力作用才能产生,它们的特征波高一般在几米,特征波长一般在几十米或几百米。深水区沙波规模往往比近岸浅水区大得多,分布范围也比浅水区广得多,有时在大型的沙波上往往发育有群生的小型沙波[1]。

在潮流、波浪等外界水动力作用下海底沙波具有一定的活动性,可对海底管道和光缆、海洋平台及港口航道的正常运行产生重要的影响[2]。因此,研究海底沙波的发育、演化和运动规律,对于认识此类灾害的发生和发展过程,从而避免或减缓其对于海底管道等海洋工程的危害,具有重要的科学价值和工程意义。本章将重点对海底沙波分类及描述进行说明,对当前海底沙波问题的研究方法进行阐述,并对我国近海的海底沙波分布情况进行介绍。

1.1 海底沙波分类及描述

1.1.1 海底沙波分类

海底沙波作为一种极具活动性的海底底形,类型划分的研究对完善其理论体系、正确把握海底泥沙运动规律意义重大,同时有助于人们更全面地了解海底沙波。国内外众多学者对不同海域海底沙波的形态、泥沙运移和水动力环境做了大量研究,提出了多种分类方法,但目前尚无共识。

1) 根据尺度分类

20 世纪 80 年代,波长 $L < 0.6$ m,波高 $H < 0.06$ m 的沙质底形称为小沙波,大于这个范围则统称为沙波和沙丘,这个分类过于笼统,沙波和沙丘无明显区分。在 1987 年美国沉积地质专业会议上,建议根据 Flemming 波高(H)与波长(L)的关系式 $H = 0.067\,7L^{0.809\,8}$,将沙波分为小型、中型、大型及巨型沙波,至今普遍使用[3],见表 1-1。

该分类方式较为简单,从尺度来说基本覆盖了已观测到的海底沙波类型,制定了较为统一的类型划分标准,但并没有给出一个具体量化的划分依据。时至今日,由于各海区水动力条件的差异和营力作用不统一,目前海底沙波的命名还是未能明确。

表 1-1　海底沙波的分类[3]

海底沙波	小　型	中　型	大　型	巨　型
波长(m)	0.6～5	5～10	10～100	＞100
波高(m)	0.075～0.4	0.4～0.75	0.75～5	＞5

2) 根据形成时期分类

海底沙波根据形成时期,可分两类:残留沙波和现代沙波[4]。残留沙波是指在晚更新世末次冰期时,裸露在海底面或浅水潮滩所形成的沙波,和现代的水动力环境无关,长期稳定无变化;现代沙波则是在现代沉积物供应条件和水动力环境下形成,随着水动力环境的改变而改变,是变化且不稳定的。

长期以来,对海底沙波是稳定的残留沙波或是活跃的现代沙波,都还存在争议,需要具体分析。以南海北部陆坡的海底沙波为例,冯文科[5]认为南海北部陆坡的海底沙波是在晚更新世末次冰期形成的残留沙波,而王尚毅[6]、彭学超[7]等认为是在现代潮流作用下形成的现代沙波。虽然残留沙波的形成与现代的水动力条件无关,但是在现代的水动力条件下可能会发生重塑和起动迁移。当然,这种情况只是很少数,也有可能会误导判断。仅以残留沙波和现代沙波进行分类,也略显不足。

3) 根据形态分类

沙波根据剖面形态,可分为摆线型、双峰型及余弦型沙波[8]。摆线型沙波一边陡峭、一边平缓,在波谷处发育有小沙波或波痕;余弦型沙波对称性好,波高较大、波谷较宽、规则性好,没有次一级沙波或波痕发育;双峰型沙波的波高和波长在三者之中最大且走向多样,在波谷上有着次一级沙波发育,叠加型特征明显,可以看作余弦型沙波和摆线型沙波叠加形成。

形态对比上,余弦型沙波对称性最好,摆线型次之,双峰型最差。三类沙波的初始阶段都是余弦型沙波,可以推测沙波最开始应该是在往复流的作用下形成,所以对称性很好。之后水动力条件改变形成了不同类型的沙波。由此可见,根据沙波的类型,能够了解当时的水动力环境及更多信息。刘振夏和夏东兴根据平面形态将海底沙波分为三维新月型水下沙丘、二维直脊型水下沙波和波痕[9]。根据剖面形态还可分为对称型水下沙波与不对称型水下沙波,对称型沙波波峰线两侧坡度相近,不对称型沙波两侧坡度差异大。

4) 根据迁移程度分类

海底沙波在波浪、潮流及内波作用下可能会发生迁移。根据海底沙波的运移程度将其划分为强运动、弱运动、不运动和埋藏沙波四类[10]。还有一些学者是根据运移程度将沙波分为运动型、稳定型、侵蚀型及埋藏型沙波。

该分类对沙波的稳定性和运动量级做了初步综合,为陆架工程设计提供借鉴。根据以往研究,强、弱运动型沙丘所占比例很大,运动型沙丘的存在对海底基础工程有重大安全隐患。所以在运动型沙丘存在海域,基础工程设计前应先确定其稳定类型,再根据不同类型予以不同强度的设计。

5) 其他分类方法

除了上述分类方法,海底沙波根据形成原因,可分为浪成沙波、流成沙波与混合成沙波[11]。根据形态与规模特征,分为强生长弱迁移沙波、强迁移弱生长沙波和再发育沙波[12]。一般而言,海底沙波是不同时期、不同类型的复合体,目前的物理技术手段,只能观测到它的外在特征和内部形态,对其迁移机制还不了解。由于海底沙波在全球不同海域都有分布,不同海域的地形底质、沉积物性质及水动力条件都有很大差异,所以不同海域形成的海底沙波形态大小各异,即便是同一海域,也有较大差异。所以,对海底沙波开展深入分类研究是今后工作的重点,合理分类,一定会对海底沙波的研究大有裨益。

1.1.2 海底沙波描述参数

陆架水下沙波与河道沙波的形态特征基本相似,但陆架水流包含周期性变向的潮流、定向的海流和偶发性的暴风浪流,远比河道里的定向持续水流复杂得多,两者所塑造的沙波在形态特征上也存在许多差异,分别表现于波高、波长、沙波指数、不对称指数、两坡坡度、脊线形态等方面。不同的形态结构反映海底动力和底沙差异。

1) 波高和波长

陆架水下沙波的外部形态特征通常围绕波脊线而展开,波峰与相邻波谷间的垂直高差称波高(H),相邻两波峰的间距称波长(L),波长波高之比为沙波指数 L/H,它们均反映沙波的规模和动力环境。常见中、大型水下沙波波高 0.5~2.0 m,然而就目前所知,陆架上有一些巨大沙波如北海的沙波群中最大者波高 9.1 m,波长 1 250 m。因为沙波的波高和波长是粒度和水流剪切应力的函数,研究者们可通过沙波指数间接推断沙波的动态和沙源多寡。

2) 迎流坡和背流坡

沙波坡面朝向水流的一侧称为迎流坡,沙波坡面背向水流的一侧称为背流坡,通常迎流坡较缓,不过 1°~3°,而背流坡较陡,大致 10°~15°,最陡不会超过沙的休止角。河道沙波的水流,由于持续定向性较强,两坡角度之差较大;陆架水下沙波的水流方向多变,两坡坡度之差亦相对较小,其分别对应缓坡倾角和陡坡倾角。迎流坡水平投影长度(L_1)与背流坡水平投影长度(L_2)之比(L_1/L_2)称为沙波的不对称指数,该指数值越大,反映水流的剪切应力越强。

3) 波脊线的形态

海底沙波波脊线的形态与水动力的变化息息相关。波脊线常垂直主水流方向延伸,若水动力横向变化不大,波脊线高度也不变化,就形成直线形沙波,即所谓的二维沙丘;若水动力横向扰动较大,沙脊线高度横向起伏多变,就发育弯曲状沙波,亦即三维沙波。它们的内部沉积层理亦有差异,前者为板状斜交层理,后者的前置纹层畸变成弯曲的束状纹层组。详细统计沙波两坡的坡度及倾向方位,可以阐明主次流速的方向和相对大小,如格子状沙波就是不同向浪(或流)相交叉干扰的结果。已有水槽试验的成果表明:随着流速的增加,沙波波脊线依次呈直线形、链形、舌形、新月形和菱形的顺序演变,成为沙波形态分类的基础。陆架水下沙波也不例外,通过描述沙波的形态可以解释其成因机制和动力环境。

1.2　海底沙波形成机理

1.2.1　海底沙波形成基本要素

在一定的水力环境条件下,充分发展的沙波会达到动态平衡,其形态和特征尺度受水动力环境和泥沙特性控制,如水流流速、沉积物粒径、水深等因素。海底沙波的形态特征是指沙波的外部轮廓表现,不同水力环境下的沙波形态虽有差异,但整体均为周期变化的波状形态。陆架水下沙波底形的发育需要有较平坦的海底、丰富的沙源和较强的水动力条件[1]。

(1) 水动力条件。陆架水下沙波在形态上有浪成和流成之别,这反映了陆架水动力的复杂性。陆架海底塑造沙波底形的动力要素包括定时变向的潮流、定向的海流(洋流)和具有偶然性的风暴浪流,前两者对海底作用频繁,后者作用强烈。

(2) 底沙的作用。陆架底沙是水下沙波形成发育的物质基础,其中包含沙源多寡和沙粒成分两个参数。前者是输沙率大小的问题,输沙丰富的海区是沙波形成的先决条件。高输沙量的陆架区,多发育不对称沙波,沙波尺度大,前置纹层厚,爬高的幅度大。例如,东海陆架外缘和 50 m 等深线一带,海底沙丰富,也是现代水下沙波的活跃发育区;反之,沙源不足的海区,引起床沙粗化,已形成的沙波也被降低、变疏甚至消失。

(3) 海底地形的作用。首先海底陡与缓影响底沙的运移效率,从而影响水下沙波的发育;其次海底坡度陡缓也直接影响水下沙波的生存,从而改变沙波的两坡形态。东海陆架大部分是冰期低海面时的古长江下游平原,地形平坦,适合于沙波的发育。海底粗糙度也影响底沙运移和水下沙丘的迁移,而已形成沙波的海底,也因沙波的存在,引起粗糙度增大而放缓了底沙运移的速率。

现代海底沙波是在现代海洋环境的水动力和泥沙等沉积物相互作用的条件下形成的。海底泥沙在水流(潮流、波浪或风驱动形成的海流)作用、波浪作用或波流共同作用下,产生冲刷、输运和沉积三个基本过程[13]。冲刷是水流或波浪作用对海床施加底面剪切应力实现的,湍流扩散会将泥沙颗粒带入悬浮状态。输运是通过泥沙颗粒在底摩擦作用下沿床面滚动、跳跃和滑动来实现的,被称为推移质输沙。当泥沙颗粒在输移中停止时,或者通过沉降脱离悬移,就会发生沉积。海底表面泥沙的三个过程同时发生,并相互作用,形成不同的海床形态。

许多海洋研究者已经在归纳、分析海底沙波形成和发育的机制方面做了大量工作。对于其成因,主要有两个方面:一是地形地质特征,如海底地形、沉积物的供给量和粒径等特征;二是水动力环境,如潮流和波浪等。两者为沙波形成的必要条件,缺一不可[14]。

实地调查发现,我国东海大陆架的北部和南部地形平坦,海底沙波大量分布,而中部地形起伏较大,没有沙波发育痕迹。所以,平坦且广阔的海底地形是发育海底沙波必不可少的有利条件[15]。在沉积物方面,充足的沉积物供应是海域发育海底沙波的基础,且沙波一般在中细砂沙质的海底形成,粒径范围在 0.15~1.15 mm,粒径过大或过小都不会形成沙波。以往的沉积物输运研究均是基于无黏性的砂质沉积物,而最近有研究表明,部分沉积物的黏聚力作用也会对海底沙波的形成和发育产生较大的影响[16]。生物黏聚力与机械黏聚力都会抑制沙波的生长,且生物黏聚力的抑制作用更强。

1.2.2　海底沙波形成水动力因素

海底沙波所处的海洋环境复杂,施加在沙床的水动力作用有多种形式。由于海水的侵蚀作用和搬运作用,以及泥沙的运动和沉积规律都与水动力作用密切相关,故水动力作用是形成海底沉积地貌的主要因素[13]。对目前的研究进行归纳,影响沙波形成和发育的水动力作用主要可以分为潮流作用、波浪作用、波流共同作用及内波作用四种条件。

(1)海洋往复潮流作用形成海底沙波。王文介[14]认为海底沙波形成的动力来源是潮流的往复运动,且不同流速的潮流作用对沙波的发育、演化有不同程度的影响。Huntley 等[17]首次利用数值模型对周期往复潮流作用下的沙波形成进行了研究。Dalrymple 等[18]认为受潮流影响的河口地区大型沙波地貌的形成也是潮流往复作用的结果。Hulscher[19]通过线性稳定性分析,考虑垂向上潮流循环单元结构,表明沙波周期性的规则外形是由于潮流空间上的均一性和时间上的对称性引起的。Németh 等[20]认为在海床地形形成初期,周期往复的潮流在小尺度沙波波峰两侧形成垂向环流结构,当环流结构中水流流向为波谷到波峰时,泥沙从波谷处向上输移,沙波地形处于生长发育状态,而当其流向相反时,泥沙输移方向也相反,沙波地形处于衰退状态。Zang 等[21]也通过 ROMS 模拟沙波形成和演化证实了垂向环流结构的存在。

（2）海洋波浪作用形成海底沙波。海洋中的波浪作用一般较为强烈,根据波浪作用的位置可以分为表面波、内波和边缘波[16]。目前的研究中,表面波和内波都可以作为海底沙波形成的原因。冯文科等[5]、王尚毅等[6]、白玉川等[22]根据对水流底部紊动结构的研究,结合沙床表面泥沙的摆动特性,提出并完善了"准共振界面波"理论,以此来解释沙纹形成的原因,认为泥沙颗粒在共振波作用下经过强迫摆动的调整,在水流和床面之间会形成一个"准共振界面波",波谷处的泥沙颗粒与波峰处的泥沙颗粒受到的水流推动力大小不同,造成床面泥沙空间上呈周期性的侵蚀和堆积。张永刚等[23]对非线性的 Boussinesq 方程进行二阶波求解,认为与时间无关的周期性波动解是波驱沙波形成的主要原因。Yalin[24]认为表面波是沙波产生的直接原因。Hill 等[25]通过水槽试验发现了波浪作用可以造成泥沙起动和形成沙波。Voropayev 等[26]认为驻波是海底沙波形成的动力,而且通过水槽试验进行了验证。Cataño-Lopera 等[27]开展了水槽试验,模拟波浪作用下沙波的形成,试验中较大尺度的沙波和小尺度的沙纹共存,对波浪形成沙波进行了验证并分析了波浪相关水动力参数对沙波形成尺度的影响。Droghei 等[28]通过内波和沉积物的数值模拟研究,表明内孤立波的作用能够造成海底沉积物的起动和运移。

（3）潮流与波浪共同作用形成海底沙波。Pattiaratchi 和 Collins[29]认为海底沙波是在潮流和波浪的共同作用下形成的,并对前人总结出的海底沙波运移计算公式进行了对比。Li 和 Amos[30]通过分析处理实地测得的海底图像数据,观察到在潮流、波浪共同作用且波流同向下,海底沙波具有更加规则、对称的形态特征,与潮流作用形成的海底沙波有明显区别。van der Meer 等[31]认为风浪与潮流叠加的共同作用对于海底沙波的生长有重要且复杂的影响,沙波会在风浪作用下悬移质沉积过程中逐渐增长,而同时风浪会加速推移质的输运而引起沙波高度的衰减。

（4）内波作用形成海底沙波。以往的沙波数值模拟多为基于潮流作用下的沙波运移模拟,但除了潮流作用以外,海洋内波的存在同样对于沙波的运移有着重要影响,内波是海洋中密度稳定的水体层之间的内部波动,根据各自特征主要分为:与正压潮周期相同、线性或是非线性较弱、由潮汐产生的内潮[32];周期短强度高、非线性较强的内孤立波[33];与局地惯性频率相近的近惯性内波[34]。根据邱章的观测记录[7],正常潮流情况下南海北部某沙波区床面底流的平均流速均小于 0.15 m/s,并不足以造成沙波的运动。但是根据大量的实测调查结果发现,南海北部陆坡上的海底沙波其实具有较高活动性,并且不同位置海底沙波的活动性存在较大差异,运动方向存在向陆和向海两个运动方向。根据已有的天文潮理论与风暴潮理论无法对这种现象进行解释。南海北部陆坡是一个内波高发区,众多海底沙波的活动区恰好处于强烈内波的活动区,因此这两者之间的关系或许可以对沙波运动的问题进行解释。通过各种观测手段确实观测到内波引发的海底强流[35],流速最高可达 1.0 m/s 以上,并且这种强流也足以造成沙波的移动。

1.3 沙波研究方法

1.3.1 现场观测方法

对海域的海底沙波利用一定技术手段进行现场观测,记录其分布和形态特征,通过比较历次的观测结果可以判断沙波的迁移方向和迁移速率。常用的测量技术有单波束测量、光学成像测量、旁扫声呐、多波束测深系统等,研究者们可以定性或半定量研究沙波的几何特征,通过长期、多次的水深测量并进行剖面及平面对比的方法来研究海底沙波地貌的演化及迁移[9]。

van Dijk 和 Kleinhans[36]利用多波束测深系统和旁扫声呐对北海荷兰岸外海域进行了四次实地考察测量,记录了不同时间海床沙波的形态特征和迁移情况,分析了海床三维沙波区域和不对称的二维沙波区域之间由于处于不同潮流和波浪作用环境而产生的沙波形态差异。Fenster 等[37]通过实地测量得到长岛海湾(Long Island Sound)东部海域的高精度水深数据,研究了本区域海底沙波的迁移特征,发现不同区段沙波沿波峰方向的迁移速率并不相同,并且沙波在迁移过程中还会伴随迁移角度改变等现象。王琳等[38]利用旁扫声呐系统和浅地层剖面分析了常态和台风作用两种环境条件下海南岛乐东陆架区海底沙波的形态特征、底质及地层结构,发现乐东陆架沙波以不对称形态的大型沙丘和小型沙波为主,沙波活动性较强,并分析了台风对海床沙波迁移特性的影响。马小川等[39]利用原位监测系统对北部湾南部浅海陆架海域的 18 个潮周期的水动力数据和海床变化数据进行了采集和分析,发现底床高程的变化在不同潮周期之间有差异,但差异很小,这种厘米级底床高程的快速变化主要是由潮流流速的大小及往复潮流的不对称性造成的。吴帅虎等[40]在 2014 年及 2015 年先后利用多波束测深系统和浅地层剖面仪等较为先进的现场测量仪器对长江口北港河段和南港河段河槽地貌形态进行了走航测量,分析了两个河槽的地貌演变特征,结果表明:在流域大型水利工程影响下,河口来沙量减少,河槽由淤积变为冲刷状态,且冲刷使以细砂为主的环境下沙波尺度增大、沙波发育范围向河流下游进一步拓展。

通过野外观测海底沙波的研究方法直接、简便,根据测得的水动力条件和海床地形,可以直观地对海底沙波的形态特征、演化及迁移特性进行分析。同时,实地观测的海底沙波数据还可以用来对沙波理论模型提供数据支持和准确性检验,因此应用较广。但此种方法会耗费大量的人力物力,调查时间受气象条件和海况的制约,且对某一区域的测量时间间隔在一年以上,无法实现对海底沙波的实时监测。

目前对于海底沙波形态的许多研究表明,不同的沙波形态中隐藏着不同的水动力环境信息和泥沙环境信息,且可以从中判断出沙波的运移方向和活动性等特征。Ikehara 和 Kinoshita[41]通过对日本群岛周围大陆架上洋流和潮流形成的海底沙波形态进行重复观测,对海域的沉积物环境进行了研究,发现大部分海床床型较为活跃,但输沙量太小,无法形成大型沙波下的砂体。King 等[42]实地观测了挪威近海南部巴伦支海(Barents Sea)大陆边缘大型沙波地貌的详细形态,从沙波波峰线方向和洋流方向的关系中发现西北向流动的海洋环流是驱动沙波形成的主要动力,且从沙波波高、波长和对称性系数等形态特征的测量统计中证实了沙波向西北方向迁移的趋势。Kwoll[43]等通过物理模型试验系统地研究了沙波背流坡坡度对流场和流动阻力的影响,结果表明流动分离的时间和空间发生率随沙丘背风坡而降低。

海底沙波是由水流产生的尺度较大的底形,通常有几十米至几百米的波长和几米的高度。它们的高度和波长受水深和床剪切应力的控制。沙波的高度 Δ_s、波长 λ_s 有多种经验公式,其中广泛采用的有:

(1) Yalin(1964)公式[24]:

$$\Delta_s = 0, \ \tau_{0s} < \tau_{cr} \tag{1-1a}$$

$$\Delta_s = \frac{h}{6}\left(1 - \frac{\tau_{cr}}{\tau_{0s}}\right), \ \tau_{cr} \leqslant \tau_{0s} < 17.6\tau_{cr} \tag{1-1b}$$

$$\Delta_s = 0, \ \tau_{0s} \geqslant 17.6\tau_{cr} \tag{1-1c}$$

$$\lambda_s = 2\pi h \tag{1-1d}$$

(2) van Rijn(1984)公式[44]:

$$\Delta_s = 0, \ \tau_{0s} < \tau_{cr} \tag{1-2a}$$

$$\Delta_s = 0.11h\left(\frac{d_{50}}{h}\right)^{0.3}(1 - e^{-0.5T_s})(25 - T_s), \ \tau_{cr} \leqslant \tau_{0s} < 26\tau_{cr} \tag{1-2b}$$

$$\Delta_s = 0, \ \tau_{0s} \geqslant 26\tau_{cr} \tag{1-2c}$$

$$\lambda_s = 7.3h \tag{1-2d}$$

其中, $T_s = (\tau_{0s} - \tau_{cr})/\tau_{cr}$。

式中　Δ_s——沙波波高;

　　　λ_s——沙波波长;

　　　h——水深;

　　　τ_{0s}——表面摩擦引起的床剪切应力;

　　　τ_{cr}——沉积物运动的阈值床剪切应力;

　　　d_{50}——中值粒径。

这些公式如图 1-1 所示。建议使用 van Rijn 公式,因为它已针对最大数据集进行了校准。需注意,van Rijn 使用 $k_s = 3d_{90}$ 来计算 τ_{0s},产生的值比使用 $k_s = 2.5d_{50}$ 获得的值大得多。

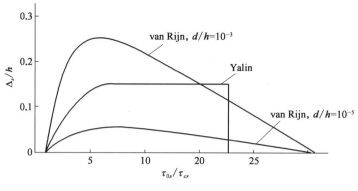

图 1-1 沙波高度方程

底型迁移可用作测量推移质输沙率的方法。如果假设所有流动的颗粒都滚过床型，爬上上游面（前），滚下下游面（背风），并在波谷中静止，那么体积床荷载输运率 q_b 可以由下式计算：

$$q_b = a_m \Delta V_{mig} \qquad (1-3)$$

式中　a_m——常数；

　　　Δ——床型高度；

　　　V_{mig}——迁移速度。

常数 a_m 是一个描述床型形状的因子，与 $(1-\varepsilon)$ 相关，其中 ε 是孔隙度。如果 $\varepsilon = 0.40$ 且形状为三角形，则 $a_m = 0.60 \times 0.5 = 0.30$。观察值一般在 $0.22 < a_m < 0.37$ 范围内。如果形状和孔隙度未知，则使用 $a_m = 0.32$ 的值（Jinchi，1992）。上述方法可用于沙纹或沙丘/沙波。

在高流速下，沙纹和沙丘被冲刷掉，床变得平坦，随着颗粒在床上方几毫米厚的片状流动，沉积物发生强烈的输送。这种情况是根据近似标准发生的：

$$\theta_s > 0.8 \qquad (1-4a)$$

或

$$\tau_{0s} > 0.8g\rho(s-1)d \qquad (1-4b)$$

式中　τ_{0s}——表面摩擦床剪切应力；

　　　θ_s——表面摩擦 Shields 数；

　　　g——重力加速度；

　　　ρ——水的密度；

　　　s——相对密度；

　　　d——沉积物粒径。

在海洋中，波浪冲刷发生在具有强大水流的浅水区，或在海浪区等强烈波浪作用下。

研究者们还通过各种手段对沙波几何形态特征（尤其是波高与波长的几何关系）与水动力条件之间的数学相关性进行了研究。由于研究者们观测的海底沙波所在区域不同，所处的海洋环境各异,得到的沙波几何关系也不尽相同,因此不能将一个区域的关系式应用到全球范围内的沙波。但从研究结果可以看出,海底沙波的波高和波长具有明显的正相关关系,一定范围内沙波波高随波长的增大而增大。20 世纪 80 年代末,Flemming[3] 统计分析了世界各地的 1 491 个沙波,发现平均波高(H_{mean})、最大波高(H_{max})与波长有关,其关系式分别为

$$H_{mean} = 0.067\ 7L^{0.809\ 8} (R^2 = 0.98) \tag{1-5}$$

$$H_{max} = 0.16L^{0.84} \tag{1-6}$$

值得注意的是,式(1-5)和式(1-6)的得出所依据的数据中缺乏水深大于 50 m 的大陆架上潮流形成的巨型沙波形态数据[45],也没有统计我国浅海陆架上分布的沙波,因此关系式仍有待改进[38]。

对于平衡时的海底沙波尺度,国外学者 Engelund 和 Fredsøe[46]、Yalin[24] 和 van Rijn[44] 根据大量水槽试验数据和现场实测数据,利用水深、泥沙粒径、流速等参数对海底底床形态进行了预测,给出了表达平衡沙波尺度和各种参数之间关系的经验公式。Flemming[3] 认为水深对沙波尺度的影响在浅水中很明显,但在深水中,水深对沙波尺度的影响微乎其微。水深是海底沙波形成发育的前提条件,但不是控制沙波增长的主要因素[47]。在一定范围内,水流流速越大,沙波波高越大,但当流速增大到悬移质输运为主导时,更大的流速会造成对沙波波峰更强的削减作用[48]。在足够深的水深和足够高的流速下,海床泥沙粒径越大,沙波发育的尺度也越大[3]。

1.3.2　数值研究方法

海底沙波的数值计算研究主要分为稳定性分析模型研究和数值模拟研究。在水动力和泥沙的理论研究成果逐渐丰富之后,关于海底沙波形成和演化过程的数值计算模型开始建立起来。

稳定性分析模型的核心内容是假设平坦的海床表面具有规则的初始扰动,而且扰动的波幅足够小。通过对不同尺度的床面扰动进行稳定性分析,从而定性判断沙波是否形成、生长和运移[19]。Huthnance[49] 是第一批将海底沙床和海水视为动力耦合系统的研究人员之一。他研究了单向水流下平坦海床上的微小扰动随水动力作用的演化过程。该模型显示,海床形态的波状扰动在水流作用下,随着波峰相对于水流方向略微逆时针旋转,会有较好的初始增长[49]。基于 Huthnance 的工作,Hulscher[19] 建立了包含水体垂向环流结构的潮流模型,并通过线性稳定性方法求解,发现环流对沉积物通量方向的影响导致了沙波的增长。在这个模型的基础上,Németh 等[50] 建立了二维和三维数学模型,利用线性稳定性分析对海底沙波的形成过程进行讨论。他们通过选择单向流和正弦潮潮流的组合作为基本流动,破坏了潮汐的对称性,并开发了描述无限小振幅的沙波形成和迁移模型,

结果表明不对称的稳定潮流可以引起沙波的迁移。

在稳定性模型中,假设海床为平坦的床面,且床面具有规则的足够小的初始扰动,进而对不同尺度的沙波进行稳定性分析从而对沙波的运动进行定性的分析与判断。Huthnance[49]首次利用一个简化的包含参数化沉积物输运的二维潮流场模型对底床动力变化进行计算,并将可变形的海床和潮流场放到同一个动力系统中进行分析。Hulscher 等[19]建立包含水体垂向循环结构的潮流模型,并通过线性稳定性分析对沙波成因机制进行了研究。基于该模型,Gerkema[51]采用线性稳定性分析方法,研究了潮流作用下沙波发育的初始阶段和优选长度尺度的出现。从两个方面对 Hulscher 的分析进行了扩展:一是提出了可供选择的求解方法;二是进一步研究了沙波的首选长度尺度对系统参数的依赖性。Campmans 等[52]利用理想沙波模型的线性稳定性分析,研究了风暴、风浪和风流对沙波形成的影响。Idier 等[53]对自组织的千米级岸线沙波的失稳机理进行了建模研究。利用线性稳定性模型,研究了波浪条件、跨岸水深、闭合深度和两种扰动形状的影响,最后,建立了预测统计模型,以识别容易出现临界角度或低角度波动不稳定性的地点。然而这种方法主要是对于理想的正弦型且波高较小的长期沙波运动进行分析,并不能达成对于沙波瞬时变化进行模拟的目的,这使得稳定性模型具有一定的局限性。

数值模拟研究可以通过直接实时求解水动力和泥沙输运过程来模拟真实的海底沙波形成和演变。数值模拟可以弥补线性稳定性分析方法的局限性,使沙波非线性特性的研究成为可能。Roos 等[54]开发了一个非线性形态动力学模型,可以模拟不对称的 M_0、M_2、M_4 分潮下的海底形态动力演变,并对海床的平衡剖面进行了研究。Idier 等[53]使用形态动力学数值模型研究了床面粗糙度对沙床推移质输送线性稳定性的影响。结果表明,随着河床粗糙度的增加,海床地形的发育由最大 400 m 波长的沙波转变为最大 20 m 波长的巨型沙纹。Németh 等利用数值模型对有限振幅沙波的形成和迁移进行研究,并将稳定余流添加到 M_2 分潮中,结果显示沙波的迁移方向与余流方向基本一致,还发现在几十年的时间尺度上,沙波充分发育后的波高可以达到平均水深的 $10\% \sim 30\%$[55],这丰富了已往对于海底沙波发育和迁移的认识。林缅等[56]和 Li 等[57]建立了准三维模型,并模拟了南海北部 K_1、O_1 和 M_2 三个主要分潮和表面风场影响下的沙波运移,模拟结果与该海域的实测沙波数据一致性良好,表明此准三维物理模型可以用于以推移质泥沙运动为主的小尺度沙波的迁移过程模拟。Zang 等[21]采用与林缅等[56]相同的流场控制方程,通过引入悬移质输沙计算,建立了沙波动态数值模型,证实了 Hulscher 等[19]提出的海底沙波形成机理,即在周期平均的潮流场中,沙波两侧垂向环流结构的存在是海底沙波形成的主要原因。

Borsje 等[58]与 van Gerwen 等[59]采用数值浅水模型(Delft3D)对于沙波的不同问题进行研究,该模型仅限于推移质输移和初始形成阶段的分析。Borsje 等[58]对 Delft3D 模型与非线性稳定沙波模型进行了比较,并对两种内置紊流模型——恒定垂直涡黏性模型(通常用于稳定沙波模型)和更先进的时空可变垂直涡黏性模型($k - \varepsilon$ 紊流模型)进行对比,并

使用 $k-\varepsilon$ 紊流模型研究了悬移质输运对潮汐沙波形成的影响,通过改变流速振幅和粒径,找到了沙波形成的临界条件,了解悬移质输运机制如何影响沙波的形成。van Gerwen 等[59]为了了解导致沙波向平衡方向发展的物理过程,采用数值浅水模型来研究沙波向稳定平衡方向的增长。Yuan 等[60]建立了一个理想化的非线性数值模型,系统地研究了不同的床面剪切应力和输沙公式、潮汐椭圆率和不同的潮汐成分对这些床状物在初始形成过程中的特征(生长速率、波长或首选床状物的方向)的影响。Damen 等[61]利用高分辨率多波束测深、水动力模型、数据库和沉积资料,分别分析了荷兰大陆架的沙波形态特征,并与水动力和沉积特征进行了对比。Campmans 等[52]建立了一个新的二维非线性过程形态动力学模型,以研究风暴、风生流、风浪对于有限振幅沙波的演变的影响,证明了不包括风暴过程的模型中沙波波高被高估的机制。

在各种对于海底沙波的研究方法中,基于数学方法的研究可以较大程度地节约研究成本,有效提高研究效率,但要求数学模型科学、精准。其准确性需要大量的现场实测海底沙波数据或沙波相关物理模型试验数据的验证。

1.3.3　模型试验方法

物理模型试验研究通过在水槽或港池的沙床上施加水流作用或波浪作用并记录沙床的发展演变,从而可以直观地研究沙波形成、发展和迁移规律与水动力和泥沙因素的关系,是海底沙波研究的重要发展方向[52]。最早针对沙波开展的物理模型试验是为了研究河床上的沙波演变。规则的沙波地形是在水流的作用下形成的,通常在水槽中用单向水流作用于沙床来模拟,且对于不同的形成条件和控制因素,需要对沙波和沙纹进行分别研究。梁志勇等[62]进行了高浓度水流试验,发现沙波的波长随泥沙粒径与水深之比的减小而增大,也随流速(或弗劳德数)的增大而增大。Southard 等[63]在稳定的单向流中进行水槽实验,以研究松散沉积物上水流产生的河床形态(如沙纹和沙丘)之间的关系。研究表明,在地形从沙波到动平床的过渡过程中,随着流速进一步增加,床面剪切应力降低,沙丘、平床和逆行沙丘等各种形态发生了实质性的重叠。

Cataño-Lopera 等[27]开展了波浪作用为主导的波流共同作用水槽试验,研究了沙波的几何特征和迁移特征,发现沙波的无量纲波高和波长与波浪雷诺数具有良好的相关性,且随着波浪雷诺数的增加,沙波相对波高和波长都减小,但沙波迁移速度增加。Zhu 等[64]的水槽试验表明沙波的生长速率随时间先增大后减小,且沙波波高分别随着波浪波高和余流的增加而增加,沙波波长随着余流的增加和波高的降低而增加。Wang 等[65]在波浪和水流共同作用下进行了一系列物理模型试验,试验中形成了以沙波为代表的大尺度床面和以沙纹为代表的小尺度床面共存的床面形态,且试验结果表明,沙波的无量纲形态特征与小波陡波浪的无量纲形态特征吻合较好,沙波陡度几乎不随床面剪切应力变化而变化,沙波波长与波浪波陡之间具有简单的线性关系。

已有研究表明,不同的水动力条件下都有可能形成海底沙波,并且波浪、潮流及波浪潮流联合控制条件下形成的沙波形态存在差异,可以看出沙波形成的水动力条件复杂多变,对沙波形成机理的解释具有区域性,还没有形成系统的理论,需要进一步的研究。海底沙波数学研究方法是一种经济有效的研究手段,但是在利用前其准确性需要通过实测现场数据或水槽试验结果来证实。将模拟结果和现场实测数据进行对比研究,使沙波模型获得相应改进,提高模拟的准确度,使模型能够更加准确地反映实际情况。实际中的海底沙波是海床与环境水动力相互耦合作用的结果。因此,建立完全非线性的三维沙波模型,考虑推移质和悬移质输沙模型,同时考虑潮、波、流等水动力条件,甚至台风、内孤立波等极端条件下海底沙波活动情况是未来研究发展的必然趋势。

1.4 我国近海海底沙波分布

我国近海海底沙波主要分布在台湾海峡、渤海东部、南海北部陆架、海南岛西南、长江河口、东海陆架、江苏近岸及福建近海河口等。

1.4.1 台湾海峡

台湾海峡位于亚洲大陆东南缘,呈 SW - NE 走向,长度约为 370 km,南口宽、北口窄,平均宽度为 180 km,是福建省和台湾岛之间的连接中国东海和南海的一条狭长水道。台湾海峡位于台湾岛弧和大陆山弧之间的前陆盆地,是欧亚板块的东南缘与太平洋板块的碰撞所形成的,属华南加里东褶皱系的一种断裂构造。

台湾海峡由于海平面的起伏和两岸泥沙运动的影响,形成了现今海峡内大片潮流作用海底沙波地貌。Liu 等(1998)[66]认为台湾海峡存在两大地形单元,它们由现代潮流侵蚀和沉积作用形成,分别是位于台湾海峡中南部的乌丘屿凹陷和台湾浅滩,以及位于台湾海峡东南部的澎湖海沟和台中浅滩。

1) 台湾浅滩

台湾浅滩位于台湾海峡南口,是我国分布面积最大的海底沙体沉积之一,从构造上看,是一个中部起伏较小、周边地形陡变的构造台地。根据沙波波长和方向在空间分布上的差异性,可分为西北区域(7 400 km²)和东南区域(9 000 km²)。受 NE - SW 向海峡西侧沿岸流和 S - N 向的台湾暖流影响,西北区域多发育 SW - NE 向沙波,东南区域则多发育与海流方向近似垂直的近 E - W 向的沙波[67]。

按形态学分类方法,台湾浅滩的沙波属于巨大型沙波(波长大于 100 m,波高大于 5 m)。根据沙波剖面图,台湾浅滩的巨型沙波可分为三种类型[8]:

(1)摆线型沙波。此类沙波一侧陡峭,一侧平坦,在沙波波谷低洼处会发育次生沙波或沙痕。摆线型沙波高度小于余弦型沙波,沙波脊线呈 NW - SE 向。

（2）余弦型沙波。这一类沙波具有良好的对称性,波谷宽、沙波高,具有较好的规律性,沙波脊线呈 E - W 走向,无次生沙波或波纹发育。

（3）双峰型沙波。在形态上表现为马鞍型,从沙波剖面上看,已不存在单一波峰,而是有两个相似的小沙波。双峰型沙波波高比余弦型沙波和摆线型沙波都高,沙波的走向也是多种多样的。双峰型沙波的各峰均可为摆线型或余弦型,而双峰型沙波则可视为余弦型沙波和摆线型沙波相互重叠而成。

沙波空间分布特点为[2]:双峰型沙波主要分布于台湾浅滩西侧,特别是福建沿海地区较为集中,该地区受到浙闽两股沿岸流的强烈影响;余弦型沙波以浅滩中部为主,西部、东部均有少量分布;摆线型沙波遍布浅滩,而浅滩则以摆线型沙波占主导地位。

2) 台中浅滩

台中浅滩位于澎湖水道的北端出口,靠近海峡东侧,主要由澎湖海峡北流强潮流形成的砂质沉积物的沉积沙体。台中浅滩沙体可分为东西两部分。东部为大型的海底沙脊,长轴与台湾岛西部海岸线几乎平行,长约 65 km;西部沙脊脊向呈 NW - SE 走向,沙脊长轴与台湾岛西部海岸线近乎垂直,长约 53 km。

西部大型沙脊上的海底沙波较多,峰顶和两翼均有大到特大沙波出现;东部大型沙脊上的海底沙波相对较少。从地貌和流型的观察可以推断,东部沙脊已经发展到一个成熟阶段,该区域的来沙与输沙趋于均衡。与此相反,浅滩西部的沙源不持续地从南方涌入,南侧沙脊上的沙波处于活跃状态[68]。

1.4.2　渤海区域

辽东湾地处渤海北部,是渤海最大的港湾,为淤泥质海岸,形状呈倒 U 形,NNE 向延伸。地势总体上由湾顶和两岸向中心倾斜,等深线基本平行于岸线,但坡度很低。辽东湾西、东海岸分布有一系列与海岸线近似平行的海底沙脊。辽东湾西南,滨海区滦河口到大蒲河口一带,存在着丰富的海底沙脊。辽东湾东南海域是辽东湾海域中水深变化最大的区域,以辽东浅滩潮流沙脊为主。以渤海海峡老铁山水道为核心,沙脊区大致沿西部、西北方向呈指状或放射状伸展,构成 6 条具有一定规律性的沙脊。辽东浅滩的沙波区主要分布于水深 16~26 m 的沙脊脊部,以不对称沙波为主,沙波类型为大型、中型沙波,沙波走向基本为 WNW - ESE 向。沉积物类型脊粗槽细,在脊部一般为细砂和中细砂,槽底为粉砂质砂。刘振夏等研究认为,辽东浅滩沙脊系是由近代潮流作用所形成的堆积地貌,而不是古代残余沉积物[69]。

莱州湾是位于渤海以南的一座弧状浅水湾,该区域有典型沙波发育。莱州湾东部沙波地形发育显著,由于刁龙咀南侧的次生横向环流作用,沙波的延伸方向与海岸线垂直,多为二维直线型沙波。沙波的波峰尖长、波谷宽、对称度好,是典型的浪成沙波地貌[70]。

1.4.3 南海北部

1) 北部陆架区

南海北部陆架位于南海最北端,西至越南,北与中国东南大陆接壤,东至台湾海峡南口,南北长约 1 600 km,发育海南岛和东沙群岛。

南海北部海域的水深变化很大,从陆架至陆坡,从西北向东南逐步加深。南海北部陆缘由北至南分为陆架岛(< 200 m)、上陆坡(200~2 000 m)和下陆坡(2 000~3 400 m)。南海北部陆架区受底流、内波、细颗粒浊流等动力的影响,发育了大片不同类型的沙波底形,张晶晶等[71]按成因和特征分成 A、B、C 三个沙波分布亚区(图 1 - 2)。

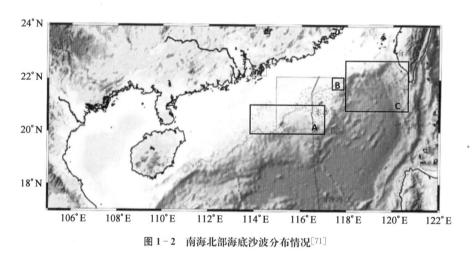

图 1 - 2　南海北部海底沙波分布情况[71]

A 区位于珠江入海口附近,沙波区西部以大型沙波为主,主要为不对称沙波;中部区域主要发育有小型和中型沙波,沙波对称性较好。东部区域海底比较平坦,海底沙波在全区发育。该区沙波发育不对称,脊线北侧迎水坡坡度小、宽度大,而脊线南侧背水坡坡度大、宽度小。

B 区处于南海北部陆坡上部,该区域的水下沙波类型以大型沙波和超大型沙波为主,其波高变化较大,波脊方向不定,排列紊乱。

C 区处于南海北部陆坡下部,该区台湾岛西南、东沙岛以东分布着四大海底沉积沙波区域。该沙波区以巨型沙波为主,最大波长真值可达 7.2 km,沙波呈不对称发育,并向上坡迁移。

2) 海南岛西南

东方岸外海域地处北部湾东南,为琼西南沙波沙脊的一部分,发育着多种形状各异的沙波沙脊。北部湾是一个三面被陆地包围的浅海半封闭性大陆海湾,由于太平洋潮波体系的作用,海南岛西南海岸附近发育了大片沙波沙脊。

东方1-1气田海底管线从登陆点向WSW向延伸,横穿沙波沙脊分布区域[6]。近岸区沉积物较粗糙,沙波规模较大,部分沙波为新月形;远岸区沉积物较细,沙波规模较小,沙波多为直线形。从整个区域来看,沙波的分布具有相似之处,即在沙脊槽处,沙波从南到北,一般由向北倾斜的新月形沙丘演变为向南倾斜的三维沙波或新月形沙丘,中间由对称的直线形沙波过渡。沙脊顶部发育的沙波规模较大,分布范围更广,沙脊两翼则发育大小不等的沙波,两翼根部发育倾向相反的新月形沙丘。可以看出在水深较深处多发育对称性沙波;而在近岸水深较浅处多发育不对称沙波[72]。

北部湾海域也出现了近似对称型的沙波,多数波峰呈尖棱状,波谷较宽,从形态上很难区分迎流面和背流面,因而有其特殊性。在北部湾,这些近对称沙波则被视为浪成底形,或在近对称潮流条件下形成的现代沙波[73]。这些近对称的沙波主要集中在沙脊西部、沙脊北部及沙脊之间的区域。从地形上来看,它们的分布都有明显的相似之处,即在对称沙波的南北两侧发育倾向相反的不对称沙波。对称沙波发育在两组相对倾向沙波的过渡区域。

1.4.4　东海近海

1) 长江口

长江口为径流与潮流相互消长非常明显的多级分汊沙岛型中等潮汐河口。自安徽大通至水下三角洲前缘,全长约700 km。长江河口发育着众多不同尺度的沙波。

郭兴杰等[74]研究结果表明:长江口南港中下段沙波分布较广,但沙波的对称性一般;北槽沙波分布很少,仅在入口段发育两组沙波,但是沙波的对称度很高;横沙通道内有大量的沙波,且沙波的对称性较好;在北港上段,特别是在上海长江大桥附近,存在大量的沙波,该区域沙波对称性较差。长江口沙波在平面形态上有堆状沙波、带状沙波和断续蛇曲状沙波,其中以带状沙波居多。

Wu等[75]调查发现长江口最大浑浊带也有沙波发育,分别在北港拦门沙区、北槽中下游和南槽上游江延安沙南侧发育有小范围沙丘。最大浑浊带内发育两类沙波,以大型尺度的沙波为主,中型尺度的沙波为辅。

郑树伟等[76]在长江口南北港分流口处发现了一种新类型的沙波,这种沙波形态上由许多椭圆形的凹陷组成,如同一粒粒圆珠镶嵌于链状沙波群中,将其命名为链珠状沙波。链珠状沙波及伴生底形几何参数统计主要涉及波脊线长、最大波高及其对应的波长、近似平行于沙波脊线方向椭圆形凹坑轴长和垂直于沙波脊线方向轴长、椭圆形凹坑深、次级沙波的波长和波高等。测区发现的链珠状沙波属于大型沙波,连续波脊线长度变化较大,沙波波高在1～2 m。部分链珠状沙波发育了次级沙波(1～4个),次级沙波波高与波长尺度较小。考虑了椭圆形凹坑对沙波参数的影响,测区链珠状沙波属于大型非对称链珠状沙波。

2) 扬子浅滩

扬子浅滩位于东海内陆架外缘长江口东侧。扬子浅滩发育有丰富的沙波,主要分布在扬子浅滩北部、西部,以及与长江水下三角洲一带相邻的中细砂区,常以孤立的沙波群形式出现。沙波个体较大,在浅地层声学剖面上可见到沙波不对称的两翼,其向流翼坡长而缓,而背流翼坡较陡并指示主水流方向。沙波波长 30～150 m,波高 0.5～2.6 m,沙波两侧的斜坡上叠置了大量的大型波痕[77]。

根据沙波地貌的尺度和疏密分布程度,可以将其划分为北、中、南三个区域。北区沙波底形分布密集,沙波参数相对较大,除大型波痕外,多处可见斑块状的沙波发育;中区存在多处斑块状大型波痕条带;南区沙波底形分布稀疏,沙波参数变小,海底地形受长江古河谷区的影响变得起伏多变。

区域内大型波痕按照脊线形态特征又可划分成为三种类型:① 直线形大型波痕脊线笔直,多形成于海流稳定、分选较好的中细砂区,峰脊连线上没有音叉状连线,沙波受以水流为主的作用形成;② 弯曲形大型波痕波峰较窄,波谷较缓,脊线方向不清晰,连续性较弱,脊线弯曲处呈朵朵蜂窝状或似舌状,表明沙波脊线在由直线形向舌状转变,水流紊动强度较高;③ 格子形大型波痕呈棋盘状,峰脊是由两组具有明显参数差异的大型波痕叠置干涉而成的,呈断块或小段分布,沙波波长最大但波高不足。

3) 江苏近岸

江苏近岸辐射沙洲是黄海西南腹地的一座大型辐射沙洲,其水动力条件十分复杂,以弶港为中心,呈辐射状分布。根据岸段间的冲淤特性、驱动因素等,将研究区划分成四个分区。从北到南,分别是射阳河口至梁垛河口的北翼岸段、梁垛河口至方塘河口的内源区、方塘河口至遥望港的中部岸段、遥望港至连兴港岸段的南翼岸段。

王黎[78]发现:在平行于沙脊脊线方向上沙波具有相似性,而在垂直于沙脊脊线方向上沙波变化显著。从北向南,沙波波长显著减小,在北坡水深 8～10 m 处的沙波波长最大,在脊线附近的沙波波长较小,南坡处的沙波波长最小,在南坡水深 12 m 处几乎无沙波发育。从北向南,沙波脊线方向沿顺时针方向转动,北坡北部沙波脊线近似 N－W 向,沙脊脊线附近沙波脊线方向约为 NNE－SSW 向,而南坡沙波脊线则为 NE－SW 向。

沙脊北坡分区沙波波长分布范围较大,以大型沙波为主。分区东南部较浅区域沙波波长相对较小,其余部分无明显空间分布特征。总体而言,沙脊北坡的沙波形态学特征在空间上的分布与海深有很大关系,特别是波高、对称指数和背流坡坡度,且对称指数和背流坡坡度的变化趋势正好是相反的。沙脊中部分区内沙波波长范围相对集中,波高分布与波长分布具有相似性,波长大则波高大。空间分布上,背流坡坡度自西北往东南逐渐减小,与北坡恰好相反。沙脊南坡分区波长分布范围相对较大,空间分布上,自西北往东南呈现先增大后减小的趋势。

研究区沙波背流坡坡度明显小于砂质沉积物自然休止角(30°)。计算并统计研究区内 13 234 个沙波的背流坡坡度,其平均值为 3.75°,最大值仅为 9.09°。

1.4.5　福建近海

福建近海潮流沉积沙体以河口区附近为主,尚未形成如渤海东部地区完整的潮流沉积体系,或者如黄、东海陆架的大规模沙脊发育体系[79]。

1) 闽江口

伊善堂等[79]分析了闽江口外海域的海底沙波地貌发育特征。闽江口水下三角洲平原沙坝末端之上发育有一定规模的海底沙波,该沙波群海底地形自 NW 向 SE 呈不断下降趋势,发育规模也逐渐减小。

按沙波群的走向及规模可划分为三个类型:上部走向为 NW - SE 向的Ⅰ型沙波为直线型沙波,波分布于沙波群北部,单条沙波最大高差 2 m,主体呈直线型,规模逐渐变小,此区是整个沙波群的主体部分。中部走向近 NNW - SSE 向的Ⅱ型沙波为过渡型沙波,与Ⅰ型沙波末端相连,高差 1～1.5 m,沙波群内部有少量的挠曲现象,末端多呈分叉状态。下部走向近 N - S 向的Ⅲ型沙波为挠曲型沙波,分布于沙波群南部,与Ⅱ型沙波的末端相连,与水道相邻,部分沙波的尾端延伸进入水道,沙波走向与水道伸展方向垂直,最大高差约 1 m,沙波的两端均有分叉现象。一般情况下,潮流直接作用于沙波正面,造成迎潮面坡度较缓而背潮面坡度较陡,这一地区 SW 向潮流占主导。

2) 三沙湾口

三沙湾口外沙波群的高精度多波束资料表明,三沙湾口外水道的出口左侧有一处大型浅滩,在浅滩的南部、北部和东部均分布着沙波,沙波的形状各异,发育类型也有很大的差别。

北区沙波分布于三沙湾口东侧海域,该区域潮流主流向是 NW 向,由沙波两侧斜坡发育的形态可知,北部的沙波主要受到涨潮流的影响,属过渡型沙波,沙坡正向 NW 方向迁移,也就是沿坡陡一侧不断迁移。

东区沙波与北区沙波末端分叉波痕相连,发育规模较大,沙波区处在浅滩阴影区,是涨落潮流均衡区,因此沙波两侧发育比较对称,沙坡的形状比较稳定,属直线型沙波。同时,部分沙波末端出现了分支,并伴随着弯曲变形,且两沙波之间发育有波痕。

南区沙波分布于三沙湾水道的出口处,该区沙波属挠曲型沙波。本区的沙波主要受 SE 向落潮流影响,自 NW 至 SE 向沙波波高逐渐升高,伴有朝 SE 方向迁移的特征。该沙波区的沙波发育规模从中部到两端呈递减趋势,部分沙波还具有末端分支连接的特点。

综上所述,我国近海海底沙波的分布十分广泛,并且不同海域的沙波具有不同的形态和运移规律,这给海岸和近海工程建设与发展带来一定的影响,因此,需要开展更加深入和广泛的研究工作。

参 考 文 献

[1] 孙永福,王琮,周其坤,等.海底沙波地貌演变及其对管道工程影响研究进展[J].海洋科学进展, 2018,36(4):489-498.

[2] 陶慧刚,张效龙.沙波区海底电缆的埋设[J].海岸工程,2005,24(4):48-52.

[3] Flemming B W. Zur klassifikation subaquatischer strömungstransversaler transportkörper [J]. Bochumer Geologische and Geotechnische Arbeiten, 1988, 29: 44-47.

[4] Daniell J J, Hughes M. The morphology of barchans-shaped sand banks from western Torres Strait, northern Australia [J]. Sedimentary Geology, 2007, 202(4): 638-652.

[5] 冯文科,夏真,李小荣.南海北部海底沙波稳定性分析[J].南海地质研究,1993,5:26-42.

[6] 王尚毅,李大鸣.南海珠江口盆地陆架斜坡及大陆坡海底沙波动态分析[J].海洋学报,1994,16(6): 122-132.

[7] 彭学超,吴庐山,崔兆国,等.南海东沙群岛以北海底沙波稳定性分析[J].热带海洋学报,2006, 25(3):21-27.

[8] 余威,吴自银,周洁琼,等.台湾浅滩海底沙波精细特征、分类与分布规律[J].海洋学报,2015, 37(10):11-25.

[9] 刘振夏,夏东兴.中国近海潮流沉积沙体[M].北京:海洋出版社,2004.

[10] 庄振业,曹立华,刘升发,等.陆架沙丘(波)活动量级和稳定性标志研究[J].中国海洋大学学报(自然科学版),2008,38(6):1001-1007.

[11] 夏东兴,吴桑云,刘振夏,等.海南东方岸外海底沙波活动性研究[J].黄渤海海洋,2001,19(1): 17-24.

[12] 严伟尧,王英民,彭学超.台湾浅滩沙波特征及演化过程研究[C]//2015年全国沉积学大会沉积学与非常规资源论文摘要集,武汉:2015.

[13] Soulsby R. Dynamics of marine sands: A manual for practical applications [M]. London: Thomas Telford, 1997.

[14] 王文介.南海北部的潮波传播与海底沙脊和沙波发育[J].热带海洋,2000(1):1-7.

[15] 吴自银,金翔龙,曹振轶,等.东海陆架两期沙脊的时空对比[J].海洋学报,2009,31(5):69-79.

[16] 蔺爱军,胡毅,林桂兰,等.海底沙波研究进展与展望[J].地球物理学进展,2017(3):1366-1377.

[17] Huntley D A, Huthnance J M, Collins M B, et al. Hydrodynamics and sediment dynamics of north sea sand waves and sand banks [J]. Philosophical Transactions of The Royal Society A Mathematical Physical and Engineering Sciences, 1993, 343(1669): 461-474.

[18] Dalrymple R W, Knight R J, Zaitlin B A, et al. Dynamics and facies model of a macrotidal sand-bar complex, Cobequid Bay-Salmon River estuary (Bay of Fundy) [J]. 1990, 37(4): 577-612.

[19] Hulscher S J M H. Tidal-induced large-scale regular bed form patterns in a three-dimensional shallow water model[J]. Journal of Geophysical Research, 1996, 101(C9): 20727-20744.

[20] Németh A A, Hulscher S J M H, Damme R M J V. Simulating offshore sand waves [J]. Coastal Engineering, 2006, 53(2-3): 265-275.

[21] Zang Z, Cheng L, Gao F. Application of ROMS for simulating evolution and migration of tidal sand waves[C]//Proceedings of the Sixth International Conference on Asian and Pacific Coasts, 2011.

［22］　白玉川，罗纪生.明渠层流失稳与沙纹成因机理研究［J］.应用数学和力学,2002,23(3)：254－268.

［23］　张永刚,李玉成.波浪作用产生沙波的动力机制的研究［J］.海洋工程,2000,18(1)：33－37.

［24］　Yalin M S. Mechanics of sediment transport［M］. Oxford England：Pergamon Press，1972：74－290.

［25］　Hill D F, Foda M A. Subharmonic resonance of short internal standing waves by progressive surface waves ［J］. Journal of Fluid Mechanics, 2006：321.

［26］　Voropayev S I, Mceachern G B, Boyer D L, et al. Dynamics of sand ripples and burial/scouring of cobbles in oscillatory flow ［J］. Applied Ocean Research, 1999, 21(5)：249－261.

［27］　Cataño-Lopera Y A, Garcia M H. Geometry and migration characteristics of bedforms under waves and currents. Part 1：Sandwave morphodynamics ［J］. Coastal Engineering, 2006, 53：767-780.

［28］　Droghei R, Falcini F, Casalbore D, et al. The role of internal solitary waves on deep-water sedimentary processes：the case of up-slope migrating sediment waves off the Messina Strait ［J］. Scientific Reports, 2016, 6(1)：36376.

［29］　Pattiaratchi C B, Collins M B. Sand transport under the combined influence of waves and tidal currents：An assessment of available formulae ［J］. Marine Geology, 1985, 67(1-2)：83-100.

［30］　Li M Z, Amos C L. Field observations of bedforms and sediment transport thresholds of fine sand under combined waves and currents ［J］. Marine Geology, 1999, 159：147-160.

［31］　van der Meer F, Hulscher S J M H, Dodd N. On the effect of wind waves on offshore sand wave characteristics ［J］. Marine and River Dune Dynamics, 2008, 1-3：227-233.

［32］　陈同庆.基于非静压模型的南海东北部内孤立波数值模拟研究［D］.天津：天津大学,2012.

［33］　徐肇廷.海洋内波动力学［M］.北京：科学出版社,1999.

［34］　Moum J N, Farmer D M, Smyth W D, et al. Structure and generation of turbulence at interfaces strained by internal solitary waves propagating shoreward over the continental shelf ［J］. Journal of Physical Oceanography, 2003, 33(10)：2093-2112.

［35］　Zhang Y, Zang Z, Yi Q, et al. Simulation of migration of sand waves under current induced by internal waves ［C］//Proceedings of the 10th International Conference on Asian and Pacific Coasts (APAC 2019), Hanoi, Vietnam, 2019：457-462.

［36］　van Dijk T A G P, Kleinhans M G. Processes controlling the dynamics of compound sand waves in the North Sea, Netherlands［J］. Journal of Geophysical Research：Earth Surface, 2005, 110(F4)：4-10.

［37］　Fenster M S, FitzGerald D M, Moore M S. Assessing decadal-scale changes to a giant sand wave field in eastern Long Island Sound ［J］. Geology, 2006, 34 (2)：89-92.

［38］　王琳,吴建政,石巍.海南乐东陆架海底沙波形态特征及活动性研究［J］.海洋湖沼通报,2007,增刊：53-59.

［39］　马小川,阎军,范奉鑫,等.北部湾南部海域近底悬沙输运及地貌演变［J］.海洋学报,2012,34(4)：109-120.

［40］　吴帅虎,程和琴,李九发,等.近期长江口北港冲淤变化与微地貌特征［J］.泥沙研究,2016,2：26-32.

［41］　Ikehara K, Kinoshita Y. Distribution and origin of subaqueous dunes on the shelf of Japan ［J］. Marine Geology, 1994, 120(1-2)：75-87.

［42］　King E L, Bøe R, Bellec, et al. Contour current driven continental slope-situated sand waves with effects from secondary current processes on the Barents Sea margin offshore Norway［J］. Marine Geology, 2014, 353：108-127.

［43］　Kwoll E, Venditti J G, Bradley R W, et al. Flow structure and resistance over subaquaeous high-

and low- angle dunes[J]. Journal of Geophysical Research Earth Surface, 2016, 121(3): 545 – 564.

[44] van Rijn L C. Sediment transport, part III: bed forms and alluvial roughness[J]. Journal of Hydraulic Engineering, 1984, 110(12): 1733 – 1754.

[45] Franzetti M, Le Roy P, Delacourt C, et al. Giant dune morphologies and dynamics in a deep continental shelf environment: example of the banc du four (Western Brittany, France) [J]. Marine Geology, 2013, 346: 17 – 30.

[46] Engelund F, Fredsøe J. Sediment ripples and dunes [J]. Annual Review of Fluid Mechanics, 1982, 14(1): 13 – 37.

[47] Dissanayake P, Wurpts A. Modelling an anthropogenic effect of a tidal basin evolution applying tidal and wave boundary forcings: Ley Bay, East Frisian Wadden Sea [J]. Coastal Engineering, 2013, 82: 9 – 24.

[48] 高抒, 方国洪, 于克俊, 等. 沉积物输运对砂质海底稳定性影响的评估方法及应用实例[J]. 海洋科学集刊, 2001(43): 25 – 37.

[49] Huthnance J M. On one mechanism forming linear sand banks[J]. Estuarine, Coastal and Shelf Science, 1982, 14(1): 79 – 99.

[50] Németh A A, Hulscher S J M H, Vriend H J. Modelling sand wave migration in shallow shelf seas [J]. Continental Shelf Research, 2002, 122: 2795 – 2806.

[51] Gerkema T. A linear stability analysis of tidally generated sand waves [J]. Journal of Fluid Mechanics, 2000, 417: 303 – 322.

[52] Campmans G H P, Roos P C, de Vriend H J, et al. Modeling the influence of storms on sand wave formation: A linear stability approach [J]. Continental Shelf Research, 2017, 137: 103 – 116.

[53] Idier D, Astruc D, Hulscher S J M H. Influence of bed roughness on dune and mega-ripple generation[J]. Geophysical research letters, 2004, 31(13): 137 – 151.

[54] Roos P C, Hulscher S J M H, Knaapen M A F, et al. The cross-sectional shape of tidal sandbanks: Modeling and observations[J]. Journal of Geophysical Research: Earth Surface, 2004, 109(F2): 4 – 10.

[55] Németh A A, Hulscher S J M H, van Damme R M J. Modelling offshore sand wave evolution[J]. Continental Shelf Research, 2007, 27(5): 713 – 728.

[56] 林缅, 范奉鑫, 李勇, 等. 南海北部沙波运移的观测与理论分析[J]. 地球物理学报, 2009, 52(3): 776 – 784.

[57] Li Y, Lin M, Jiang W B. Process control of the sand wave migration in Beibu Gulf of the South China Sea[J]. Journal of Hydrodynamics, 2011, 23(4): 439 – 446.

[58] Borsje B W, Kranenburg W M, Roos P C, et al. The role of suspended load transport in the occurrence of tidal sand waves [J]. Journal of Geophysical Research: Earth Surface, 2014, 119(4): 701 – 716.

[59] van Gerwen W, Borsje B W, Damveld J H, et al. Modelling the effect of suspended load transport and tidal asymmetry on the equilibrium tidal sand wave height[J]. Coastal Engineering, 2018, 136: 56 – 64.

[60] Yuan B, de Swart H E, Panadès C. Sensitivity of growth characteristics of tidal sand ridges and long bed waves to formulations of bed shear stress, sand transport and tidal forcing: A numerical model study[J]. Continental Shelf Research, 2016, 127: 28 – 42.

[61] Damen J M, van Dijk T A G P, Hulscher S J M H. Spatially varying environmental properties controlling observed sand wave morphology [J]. Journal of Geophysical Research: Earth Surface,

2018，123(2)：262 - 280.

[62] 梁志勇，金龙海，王兆印，等.高含沙水流逆行沙浪探讨[J].泥沙研究，2003，4：14 - 18.

[63] Southard J B, Boguchwal L A. Bed configurations in steady unidirectional water flows: Part 3, Effects of temperature and gravity[J]. Journal of Sedimentary Research, 1990, 60(5): 680 - 686.

[64] Zhu X, Wang Z, Wu Z, et al. Experiment research on geometry and evolution characteristics of sand wave bedforms generated by waves and currents[C]//5th International Conference on Coastal and Ocean Engineering, Shanghai, 2018: 9 - 15.

[65] Wang Z, Liang B, Wu G. Experimental investigation on characteristics of sand waves with fine sand under waves and currents[J]. Water, 2019, 11(3): 612.

[66] Liu J T, Kao S J, Huh C A, et al. Gravity flows associated with flood events and carbon burial: Taiwan as instructional source area[J]. Annual Review of Marine Science, 2013, 5: 47 - 68.

[67] Zhang H, Lou X, Shi A, et al. Observation of sand waves in the Taiwan Banks using HJ-1A/1B sun glitter imagery[J]. Journal of Applied Remote Sensing, 2014, 8(1): 083570.

[68] Liao H R, Ho-Shing Y. Morphology, hydrodynamics and sediment characteristics of the Changyun sand ridge offshore western Taiwan[J]. TAO: Terrestrial, Atmospheric and Oceanic Sciences, 2005, 16(3): 621.

[69] 刘振夏，夏东兴，汤毓祥，等.渤海东部全新世潮流沉积体系[J].中国科学(B辑化学生命科学地学)，1994，12：1331 - 1338.

[70] 李近元，范奉鑫，徐涛，等.莱州湾东部沙波地貌分布特征及其形成演化[J].海洋科学，2011，35(7)：51 - 54.

[71] 张晶晶，庄振业，曹立华.南海北部陆架陆坡沙波底形[J].海洋地质前沿，2015，31(7)：11 - 19.

[72] Kuang Z, Zhong G, Wang L, et al. Channel-related sediment waves on the eastern slope offshore Dongsha Islands, northern South China Sea[J]. Journal of Asian Earth Sciences, 2014, 79: 540 - 551.

[73] 马小川.海南岛西南海域海底沙波沙脊形成演化及其工程意义[D].青岛：中国科学院研究生院(海洋研究所)，2013.

[74] 郭兴杰，程和琴，莫若瑜，等.长江口沙波统计特征及输移规律[J].海洋学报，2015，37(5)：148 - 158.

[75] Wu S, Cheng H, Xu Y J, et al. Riverbed micromorphology of the Yangtze River estuary, China [J]. Water, 2016, 8(5): 190.

[76] 郑树伟，程和琴，吴帅虎，等.链珠状沙波的发现及意义[J].中国科学：地球科学，2016，46(1)：18 - 26.

[77] 叶银灿，庄振业，来向华，等.东海扬子浅滩砂质底形研究[J].中国海洋大学学报(自然科学版)，2004(6)：1057 - 1062.

[78] 王黎.江苏岸外水下沙脊低角度沙波形态定量研究[D].南京：南京大学，2018.

[79] 伊善堂，吴承强，林纪江，等.福建闽江口—三沙湾口近岸海域沙波群发育特征、成因及其对海洋工程应用的影响[J].中国地质，2020，47(5)：1554 - 1566.

第 2 章

海底沙波水动力作用

海底沙波形成的水动力条件通常比较复杂,很多时候并不是单一水动力作用的结果。本章主要对海洋环境中常规的水动力作用,包括潮流运动、海流运动及波浪运动等的基本特性和理论进行阐述,并进一步对各种水动力条件对于海床的作用方式和计算方法进行介绍。

2.1 潮流运动

潮汐是由于月球和太阳对旋转地球的吸引力发生变化而引起的海水的周期性运动。潮汐的涨落伴随着水的水平运动,称为潮流。潮汐和潮流之间的关系是复杂多变的,有必要分清潮汐和潮流。潮汐是水的垂直上升和下降,潮流是水平流。

2.1.1 潮汐形成及特点

牛顿的万有引力定律支配着天体的轨道和发生在天体上的潮汐力。任何两个质量 m_1 和 m_2 之间的引力由下式给出

$$F = \frac{Gm_1m_2}{d^2} \tag{2-1}$$

式中 d——两个质量之间的距离;

　　G——常数,取决于所使用的单位。

该定律假设 m_1 和 m_2 是点质量。牛顿能够证明,在确定它们的轨道时,可以将均质球体视为点质量。

地球上产生潮汐的基本力量有两个相互作用但又截然不同的组成部分。潮汐产生力是物体(地-日和地-月)的引力与地球绕太阳公转和月球绕地球公转对地球产生的离心力之间的差力。牛顿万有引力定律和牛顿第二运动定律可以结合起来开发地球上任何一点的微分力公式,因为方向和大小取决于你在地球表面的位置。

由于这些不同的力,潮汐产生力 F_{dm}(月球)和 F_{ds}(太阳)与物体之间距离的立方成反比,即

$$F_{dm} = \frac{GM_mR_e}{d_m^3}, \ F_{ds} = \frac{GM_sR_e}{d_s^3} \tag{2-2}$$

式中 M_m——月球的质量;

　　M_s——太阳的质量;

　　R_e——地球的半径;

d_m——地球到月球的距离；

d_s——地球到太阳的距离。

尽管太阳的质量要大得多，但由于它离地球很远，太阳的影响只有月球的46%，因此，月球是主要的潮汐产生体。

在大多数地方，潮汐变化每天发生两次。潮汐上升直到达到最大高度，称为高潮或高水位，然后下降到低潮或低水位。潮汐上升和下降的速度并不统一。从低水位开始，潮汐开始缓慢上升，但会以不断增加的速度上升，直到大约达到高水位的一半。然后上升速度开始下降，直至达到高水位，上升停止。落潮的行为也类似。在高水位或低水位没有明显变化的时期称为静置。连续的高水位和低水位之间的高度差就是范围。

根据潮汐模式的特点，潮汐被归类为半日潮、日潮或混合潮三种类型之一。在半日潮中，每个潮日有两个高潮和两个低潮，各自的高潮和低潮差异较小。在日潮中，每个潮日只出现一次高潮和一次低潮。在混合潮中，潮汐的特点是高水位、低水位或两者都有很大的不平等。每天通常有两个高潮和两个低潮，但有时潮汐可能会变成昼夜。

月-日综合效应是通过添加月球的牵引力与太阳的牵引力形成矢量。特殊情况发生在新月和满月期间。由于地球、月球和太阳大致位于同一条线上，因此太阳的牵引力与月球的牵引力作用在同一方向（通过赤纬效应修正）。由此产生的潮汐称为大潮，其范围大于平均值。

在大潮之间，月球处于上弦和下弦。在那个时候，太阳的牵引力与月球的牵引力大致成直角。结果是称为小潮的潮汐，其范围小于平均值。当月球处于正交和新月或满月之间的位置时，太阳的作用是导致潮汐隆起滞后或先于月球。这些效应被称为引发潮汐和滞后潮汐。因此，当月球位于其轨道上离地球最近的点（近地点）时，月球半昼夜范围会增加，并且会出现近地点潮汐。当月球离地球最远（远地点）时，会出现较小的远地点潮汐。当月亮和太阳在一条直线上并拉在一起时，如新月和满月时，就会出现大潮；当月亮和太阳相互对立时，如在正交处，会发生较小的小潮。当这些现象中的某些同时发生时，就会出现近地大潮和远地小潮。

潮汐振荡会经历多个周期。最短的周期，半日潮大约在12 h 25 min内完成，从潮汐的任何阶段延伸到同一阶段的下一次重复。在农历日（平均24 h 50 min）中，半日潮有两个高点和两个低点（两个较短的周期）。月球在一个约29.5天的朔望月中相对于太阳绕地球旋转，通常称为阴历月。相位变化的影响在一个半朔望月或大约2周内完成，因为月亮从新到满或从满到新。潮汐日，也是阴历日，是月球连续凌日之间的时间，平均为24 h 50 min。

海洋中的潮波分为强迫潮波和自由潮波（类似前面波浪分为风浪和涌浪），在大洋中潮波以强迫潮波为主，由天体的引潮力所产生。天体运行周期各不相同，产生不同的引潮力，使潮汐现象也较为复杂。在浅海水域，由于水体较小，引潮力可以忽略不计。此处的潮波可近似认为是从大洋中传播过来的不受引潮力影响的自由潮波。

我国早期采用达尔文方法来预报潮汐,首先对一个月的潮汐观测资料进行人工潮汐调和分析计算,求出主要的 11 个分潮(K_1、O_1、P_1、Q_1、M_2、S_2、N_2、K_2、M_4、MS_4、M_6)的振幅和角速度,用以潮汐预报。

潮汐不仅受天文因素的影响,也受其所在海区地形条件的影响,比如受两岸地形的约束(波浪反射)及底床的摩阻作用而发生变形。另外,由于潮汐是一种受迫振动,当受迫振动周期与海水本身的自然振动周期相接近时,便会产生共振,反应强烈,振幅增大。而海水振动的自然周期与海区形态和深度有密切关系,故各海区对天体的引潮力反应也不同。

2.1.2 潮流运动特点

潮流是伴随潮汐涨落的周期性海水流动。近海,流动方向不受任何障碍限制,潮流是旋转的;也就是说,它是连续流动的。这种自转是由地球自转引起的,除非因地制宜,否则北半球是顺时针方向,南半球是逆时针方向。速度通常在整个潮汐周期中变化,经过两个大致相反方向的最大值,以及两个最小值,大约在时间和方向的最大值之间。通常用一系列箭头表示每小时潮流的方向和速度,这有时被称为当前的上涨。由于箭头末端形成的椭圆图案,它也被称为潮流椭圆。

在河流或海峡中,或在流动方向或多或少限于某些河道的地方,潮流正在逆转;也就是说,它在几乎相反的方向交替流动,在潮流的每次逆转时瞬间或短时间内很少或没有潮流,称为憩流。在每个方向的流动过程中,速度从缓水时的零变化到最大值,称为涨潮。可以通过代表每小时潮流速度的箭头以图形方式指示潮流。箭头末端形成的潮汐流曲线与潮汐曲线具有相同的特征正弦形式。

潮汐流与潮汐一样,可能是半日流、日流或混合型,与当地的潮汐类型在相当程度上对应,但通常具有更强的半日流趋势。

纯粹半昼夜的近海旋转流在每个 12 h 25 min 的潮汐周期重复椭圆模式。如果存在相当大的昼夜不均等性,则绘制的每小时潮流箭头描述了在 24 h 50 min 期间由两个不同大小的椭圆组成的集合。在完全昼夜旋转的水流中,较小的椭圆消失,24 h 50 min 只产生一个椭圆。一个固定空间点处潮流速度随时间变化可由潮流椭圆描述。将一定周期的潮流绘成逐时旋转的矢量,连接矢量顶端形成一椭圆,称为潮流椭圆。

潮流流态可分为往复流和旋转流两种。

(1) 往复流。水流在平面上仅表现主要沿某一轴线方向的往复运动,主要分潮椭圆率小于 0.2。这种潮流多在近岸地区、河口区及狭长海峡中见到。往复流的水质点仅在潮流运动垂直剖面内摆动,最大和最小流速可以相差很大,从一个方向反转过来,向另一方向流动时,将出现最小流速。当最小流速等于或接近零时称为"转流"或"憩流"。

(2) 旋转流。潮流在较宽阔海域表现为旋转流。中国位于北半球,方向一般为顺时针,个别因地形影响为逆时针。此时潮流在平面图上随时间的运动方向是逐渐改变的旋转运动。主要由于地球自转效应或两个或多个波系斜交或正交干涉而造成。这两种原因所产生旋转流的不同点在于:前者的旋转有定向性,因地球自转效应使北半球潮流沿运动方向右偏而形成顺时针的旋转流,在南半球则反之,形成逆时针的旋转流;而后者的旋转性需视不同波系的干涉情况而定,因而旋转是无定向性的。

除以上潮流流态外,潮流流态另一重要特征是存在潮流余流。潮流余流是指从实测潮流总矢量中除去净潮流(由潮流调和分析得到的部分,即线性部分)后剩下的部分。由这一确定方法可以看出,潮流余流实际上是潮流方程非线性特征导致的潮流的非线性效应,类似于 Stokes 波的质量输移流。由于水底摩擦力也是非线性的,所以它对潮流余流也有重要贡献。潮流余流常是泥沙净输移和污染物扩散的重要方向。

2.2　海流运动

海流是指海水大规模相对稳定的流动,是海水重要的普遍运动形式之一。所谓"大规模"是指它的空间尺度大,具有数百、数千千米甚至全球范围的流域;"相对稳定"的含义是在较长的时间内,如一年或多年,其流动方向、速率和流动路径大致相似。本节海流指除了潮流以外的所有非潮流运动。需要指出的是,任何时候所经历的洋流通常是潮汐流和非潮汐流的组合。

海流一般是三维的,即不但水平方向流动,而且在铅直方向上也存在流动。当然,由于海洋的水平尺度远远大于其铅直尺度,因此水平方向的流动远比铅直方向的流动强得多。尽管后者相当微弱,但它在海洋学中却有其特殊的重要性。习惯上常把海流的水平运动分量狭义地称为海流,而其铅直分量单独命名为上升流和下降流。

海洋环流一般是指海域中的海流形成首尾相接的相对独立的环流系统或流旋。就整个世界大洋而言,海洋环流的时空变化是连续的,它把世界大洋联系在一起,使世界大洋的各种水文、化学要素及热盐状况得以保持长期相对稳定。

2.2.1　海流形成因素

海流形成的原因很多,主要的原因有以下两种。第一种原因是海面上的风力驱动,形成风生海流。由于海水运动中黏滞性对动量的消耗,这种流动随深度的增大而减弱,直至小到可以忽略,其所涉及的深度通常只为几百米,相对于几千米深的大洋而言是一薄层。海流形成的第二种原因是海水的温盐变化。因为海水密度的分布与变化直接受温、盐的支配,而密度的分布又决定了海洋压力场的结构。实际海洋中的等压面往往是倾斜的,即等压面与等势面并不一致,这就在水平方向上产生了一种引起海水流动的力,从而导致了海流的形成。此外,潮汐、波浪、河水径流等也会对海流产生影响。在近岸地区,波浪引起的沿岸流占主导地位,而在更远的离岸地区,潮汐和大气驱动的组合占主导地位。海流既能搅混又能运输沉积物,因此,沉积物的运输基本上是按照海流方向进行的。然而,由于沉积物迁移率非线性地取决于海流速度,而且波浪搅混的影响也很重要,因此,沉积物的长期净迁移方向可能与残余海流方向有很大差别。

海流流速的单位,按 SI 单位制是 m/s;流向以地理方位角表示,指海水流去的方向。例如,海水向北流动,则流向记为 0°,向东流动则为 90°,向南流动为 180°,向西流动为 270°。流向与风向的定义恰恰相反,风向指风吹来的方向。绘制海流图时常用箭矢符号,矢长度表示流速大小,箭头方向表示流向。

海水的各种运动都是在力的作用下产生的,其运动规律同其他物体的运动规律一样,遵循牛顿运动定律和质量守恒定律。为达到定量地研究海水运动规律,以下将简要地介绍海水的运动方程及求解方程的边界条件等。

所谓海水运动方程,实际上就是牛顿第二运动定律在海洋中的具体应用。单位质量海水的运动方程可以写成

$$\frac{\mathrm{d}u}{\mathrm{d}t} = \sum F \tag{2-3}$$

式中　　u——流速;

　　　　t——时间;

　　　　F——受到的外力。

只要给出作用力,便可由方程了解海水的运动状况。作用在海水上的力有多种,主要包括:

1) 重力和重力位势

地球上任何物体都受重力的作用,当然海水也不例外。所谓重力是地心引力与地球自转所产生的惯性离心力的合力。对于静态的海洋,重力处处与海面垂直,此时的海面称为海平面。处处与重力垂直的面也称为水平面。从一个水平面逆重力方向移动单位物体到某一高度所做的功称为重力位势,位势相等的面称为等势面。静态海洋的表面是一个等势面。

2) 压强梯度力

海洋中压力处处相等的面称为等压面。海洋学中把海面视为海压为零的等压面。压力变化也只是深度的函数,此时海洋中的等压面必然是水平的,即与等势面平行。这种压力场称为正压场。根据牛顿运动定律,当海水静止时,水质点所受到的合力必然为零。但海水却总是处在重力的作用之下,且指向下方。由此可以推断,一定还存在一个与重力方向相反的,与重力量值相等的力与其平衡。它与压强梯度成比例,故称其为压强梯度力。

它与等压面垂直,且指向压力减小的方向,当海水密度不为常数,特别在水平方向上存在明显差异时(或者由于外部的原因),此时等压面相对于等势面将会发生倾斜,这种压力场称为斜压场。在斜压场的情况下,海水质点所受的重力与压强梯度力已不能平衡,由于等压面的倾斜方向是任意的,所以压强梯度力一般与重力方向不在同一直线上。因为海洋常常处在斜压状态,所以压强梯度力水平分量也就经常存在。尽管它的量级很小,但由于海水本身是流体,在水平方向上极小的力也会引起流动,它成了引起海水运动的重要作用力。

当海水密度在水平方向上存在明显差异时,必然导致两等压面之间的距离不等,使其相对于等势面而发生倾斜。这种由海洋中密度差异所形成的斜压状态,称为内压场。因为海洋上部的海水密度在水平方向上变化较大,而在大洋深处变化极小,甚至趋于均匀,因而由其决定的压力场,即内压场。在大洋上部的斜压性一般很强,随深度的增加斜压性逐渐变弱,到大洋某一深度处,等压面基本上与等势面平行,其水平压强梯度力也就不存在了。此外,由于海洋外部原因,如海面上的风、降水、江河径流等因子引起海面倾斜所产生的压力场称为外压场。在外压场的作用下,等压面也可倾斜于等势面,因而也能使海水产生流动。外压场自海面到海底叠加在内压场之上,一起称为总压场。

3) 地转偏向力

研究地球上海水大规模运动时,必须考虑地球自转效应,或称为科氏效应。人们把参考坐标取在固定的地表,由于地球不停地在以平均角速度 $\omega=7.292\times10^{-5}$ rad/s 绕轴线自西向东自转,参考坐标系也在不断地旋转,因此它是一个非惯性系统。在研究海水运动时,必须引进由于地球自转所产生的惯性力,方能直接应用牛顿运动定律作为工具,从而阐明其运动规律。这个力即称为地转偏向力或称科里奥利力(Coriolis force,简称科氏力)。对海洋环流而言,科氏力与引起海水运动的一些力(如压强梯度力)相比量级相当,因此它是研究海洋环流时应考虑的基本力。

4) 切应力

切应力是当两层流体做相对运动时,由于分子黏滞性,在其界面上产生的一种切向作用力。它与垂直两层流体界面方向上的速度梯度成正比,因此,当两层流体以相同的速度运动或处在静止状态时,是不会产生切应力的。海面上的风与海水之间的切应力,称为海面风应力,它能将大气动量输送给海水,是大气向海洋输送动量的重要方式之一。

研究海洋环流时,通常考虑以下几种边界,一种是海岸与海底的固体边界,一种是与大气之间的流体边界。它们构成与海水之间的不连续面,因此,在运用运动方程和连续方程讨论海水的运动时,在边界上应附以边界条件。例如,在海岸与海底,由于它们的限制,海水垂直于边界的运动速度必然为零,至多只能存在与边界相切的速度。实际上,由于海水与海底的摩擦作用,离边界越近的海水运动速度应该越小,在边界上的运动速度理论上也应当为零。

在海-气界面这一海面边界上,大气压力、风应力等直接作用于海面,然后通过海面影响下部海水。这些规定边界上海水受力所遵循的条件,称为动力学边界条件。另外,在研究局部海区的环流时,往往还需考虑与其毗连的海水的侧向边界条件。

海水的真实运动规律是十分复杂的,实际工作中,人们往往采取各种近似或假定,对各种条件加以简化,从不同角度分别对海水运动情况进行讨论,从而阐明海水运动的基本规律。

2.2.2 海流速度分布

在浅水区,边界层可能占据整个深度,而在深水区,边界层仅占据水体的下部,并且被相对不受摩擦影响的水覆盖。在边界层内,海流速度随高度增加,从海床处的零到水面或接近水面处的最大值,在海床附近随高度增加的速度最快。海流随高度增加的方式被称为海流速度曲线。

对某一特定时间和地点的流速最常用的测量方法是深度平均流速,即 $\bar{U}$。它与速度曲线 $U(z)$ 的关系是通过以下定义来实现的[1]

$$\bar{U} = \frac{1}{h}\int_0^h U(z)\mathrm{d}z \qquad (2-4)$$

式中 $\bar{U}$——深度平均流速;

      h——水深;

   $U(z)$——水流在高度 z 处的流速;

      z——距海床高度。

如果速度剖面在高度 $z=z_0$ 时趋于零,则积分的下限必须从 0 改为 z_0(如对数速度剖面)。

在床面以上一定高度内,流速 U 以对数速度剖面随床面以上 z 的高度变化而变化[1]

$$U(z) = \frac{u^*}{\kappa}\ln\left(\frac{z}{z_0}\right) \qquad (2-5)$$

式中 u^*——摩阻流速;

     z_0——床面粗糙度;

     κ——冯卡门常数(von Karman constant),为 0.40。

摩擦速度 u^* 与床面剪切应力的关系是 $\tau_0 = \rho u^{*2}$。

式(2-5)适用于平坦海床(但可能有沙纹)上没有密度分层的稳定流动,远离结构物,并在波浪区之外。

水流所经历的床面粗糙度长度 z_0 取决于水的黏度、水流速度和床面物理粗糙度的尺寸。Nikuradse(1933)对 z_0 与这些量的关系所做的一系列经典实验仍然是预测自然和工程流中 z_0 的基础,Christoffersen 和 Jonsson(1985)[2] 的表达式很好地拟合了实验结果,即

$$z_0 = \frac{k_s}{30}\left[1 - \exp\left(\frac{-u^* k_s}{27\nu}\right)\right] + \frac{\nu}{9u^*} \qquad (2-6\text{a})$$

式中　ν——水的运动黏度。

上述公式对颗粒雷诺数 $u^* k_s/\nu$ 的所有值都有效。

Colebrook 和 White(1937)[3] 对上述方程进行了简化:

$$z_0 = \frac{k_s}{30} + \frac{\nu}{9u^*} \qquad (2-6\text{b})$$

对于流体力学上的粗糙流动($u^* k_s/\nu > 70$),式(2-6a)简化为

$$z_0 = k_s/30 \qquad (2-6\text{c})$$

对于流体力学上的光滑流动($u^* k_s/\nu < 5$),式(2-6a)简化为

$$z_0 = \nu/(9u^*) \qquad (2-6\text{d})$$

对于过渡区流动($5 \leqslant u^* k_s/\nu \leqslant 70$),应使用完整的方程(2-6a)。

通常情况下,淤泥和光滑细沙在水力光滑区或过渡区,而粗沙和砾石在粗糙紊流区。通常的做法是把所有在沙子上的流动看作流体力学上的水力粗糙区。

对于一个平坦的、无沙纹的沙床,床面粗糙度长度 z_0 可以用 Nikuradse 粗糙度 k_s 来表示。目前已经提出了几个 k_s 和泥沙粒径之间的关系式,其中一个最广泛使用的是

$$k_s = 2.5d_{50} \qquad (2-7)$$

结合式(2-6c)和式(2-7),对于水力粗糙流动来说,z_0 与颗粒大小直接相关,有

$$z_0 = \frac{d_{50}}{12} \qquad (2-8)$$

在整个高度内潮汐流速剖面可以由以下公式描述:

$$U(z) = \frac{\bar{U}\ln(z/z_0)}{\ln(\delta/2z_0) - \delta/2h},\ z_0 < z \leqslant 0.5\delta \qquad (2-9\text{a})$$

$$U(z) = \frac{\bar{U}\ln(\delta/2z_0)}{\ln(\delta/2z_0) - \delta/2h},\ 0.5\delta < z < h \qquad (2-9\text{b})$$

式中　$\bar{U}$——深度平均流速;

　　　h——水深;

　　　δ——边界层厚度。

式(2-9a)与在海床附近式(2-5)相容。

以上公式进一步简化,可以得到以下经验公式:

$$U(z) = \left(\frac{z}{0.32h}\right)^{1/7} \bar{U}, \ 0 < z \leqslant 0.5h \quad\quad (2-10a)$$

$$U(z) = 1.07\bar{U}, \ 0.5h < z < h \quad\quad (2-10b)$$

式(2-10)与在深水和浅水、慢流和快流、分层和非分层条件下、平床和沙浪上进行的各种现场测量的比较,其拟合效果很好,96%的数据位于10%误差以内。但是该公式的提出基于经验拟合,缺少坚实的物理学基础。在更复杂的流动下使用时,还要充分分析与研究。

2.3 波浪运动

波浪是一种常见的水体运动现象,在海洋、湖泊、水库等宽广的水面上都可能发生较大的波浪。波浪在搅混海床的沉积物方面起着重要作用,并会引起稳定水流运动,如沿岸流、潜流和质量输移速度(或流),从而运输沉积物。波浪的波峰和波谷下的速度不对称是沉积物迁移的另一个来源。波浪可以是由本地产生的风(或风海)所形成的,受本地风吹过海面一定风距(风向)和风时(持续时间)的影响;也可以是以风浪形式,由远处的风暴产生,通常比本地产生的海有更长的周期,在周期和方向上的分布较少。尽管大多数努力倾向于集中在对本地产生的海的理解和影响上,但容易渗透到海床的海浪在沉积物动力学上发挥重要作用。

波浪现象的一个共同特征,就是水体的自由表面呈周期性的起伏,水质点做有规律的往复振荡运动。这种运动是由于平衡水面在受外力干扰而变成不平衡状态后,表面张力、重力或科氏力等恢复力使不平衡状态又趋向平衡而造成的。引起波动的最常见的因素是风,受风作用下的波浪,在波峰的迎风面上,水质点的运动方向与风向一致,会加速水质点的运动;在波谷的背风面上,水质点的运动方向与风向相反,会减慢水质点的运动,所以风浪的剖面往往呈前坡缓、后坡陡的不对称形状。当风停止后,由于惯性和重力的作用,波浪仍然不断地继续向前传播。当传播到无风的海区后,这个海区也会产生波浪。这种波浪,波峰平滑、前坡与后坡大致对称,外形较规则,人们通常称它为涌浪。

波高 H、波长 L、波速 c 和波浪周期 T 是确定波浪形态的主要尺度,总称为波浪要素。风浪具有非线性三维特征和明显的随机性,无法用流体力学方法进行描述。但是对于二维规则波浪运动,迄今已有许多不同理论来描述其运动特性。

2.3.1 线性波浪

为把复杂的波动问题线性化,假设波高和波长(或水深)相比为无限小;水质点的运动速度较缓慢,速度的平方项和其他项相比可以忽略。在这些简化下,有关的流体力学方程组都成为线性的,这种简化的波浪理论称为线性波理论或微幅波理论。具有单一的波高值 H 和波周期 T,每个波都与其他波相同。如果波的高度与波长相比非常小,它很接近于表面高程和轨道速度的正弦变化,其属性由线性波理论给出。在实验室水槽的实验中,以及在涉及床面剪切应力和沉积物的数学/物理理论推导中,为了简单起见,经常使用线性波浪。涌浪与线性波浪有良好的对应关系。

其波面方程和速度势函数为[4]

$$\eta = a\cos(kx - \sigma t) \tag{2-11}$$

$$\varphi = \frac{gH}{2\sigma} \frac{\cosh k(z+d)}{\cosh kd} \sin(kx - \sigma t) \tag{2-12}$$

式中　η——波面距离静水面的高度;

　　　k——波数,$k = 2\pi/L$;

　　　σ——圆频率,$\sigma = 2\pi/T$。

式中 σ 前面采用正号或负号分别表示波浪沿正 x 方向或负 x 方向传播。波速等于波长除以周期,即 $c = L/T$ 或按 $c = L/T = \sigma/k$。

因此,为了求得波速 c,可从分析常数 k 和 σ 的关系入手,得到

$$\sigma^2 = kg\tanh kd \tag{2-13}$$

式(2-13)称为色散关系。根据 $c = L/T$,可以得到与式(2-13)等价的波速和波长表达式

$$c = \sqrt{\frac{g}{k}\tanh kd} = \sqrt{\frac{gL}{2\pi}\tanh \frac{2\pi d}{L}} = \frac{gT}{2\pi}\tanh kd \tag{2-14}$$

$$L = \frac{gT^2}{2\pi}\tanh \frac{2\pi d}{L} \tag{2-15}$$

由式(2-14)可知,不同周期(波长)的波在传播过程中由于波速不同将逐渐分散开来,这种现象称为波浪的色散现象,因此上述方程被称为波浪色散方程。

由表 2-1 可知,在深水情况下,波长和波速只与波周期有关,而与水深无关;在浅水情况下,波速变化只与水深有关,与波周期或波长无关。

表 2-1　色散关系的深水和浅水近似

相对水深	波浪分类	近似色散关系
$1/2 \leqslant d/L$	深水波	$c_0 = \sqrt{gL_0/2\pi} = gT/2\pi,\ L_0 = gT^2/2\pi$
$1/20 < d/L < 1/2$	中等水深波	无
$d/L \leqslant 1/20$	浅水波(长波)	$c_s = \sqrt{gd},\ L_s = T\sqrt{gd}$

流体内部任一点(x,z)处水质点运动的水平分速u和垂直分速w分别为

$$u = \frac{\partial \varphi}{\partial x} = \frac{\pi H}{T} \frac{\cosh[k(z+h)]}{\sinh(kh)} \cos(kx - \sigma t) \qquad (2-16)$$

$$w = \frac{\partial \varphi}{\partial z} = \frac{\pi H}{T} \frac{\sinh[k(z+h)]}{\sinh(kh)} \sin(kx - \sigma t) \qquad (2-17)$$

以z为变量的双曲函数cosh和sinh在水面处最大,海底处最小,因此水平和垂直分速沿水深以指数函数规律而减小(图2-1)。

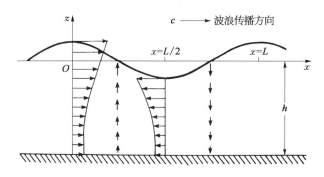

图 2-1 幅波质点运动速度在不同相位时的情况

在足够浅的水中,波浪在海床上产生一个振荡速度,作用于沉积物。这里的"足够浅"大约是指

$$h < 0.1gT^2 \qquad (2-18a)$$

或

$$h < 10H_s \qquad (2-18b)$$

式中 h——水深;

H_s——有效波高;

T——波周期;

g——重力加速度。

在实践中,极端风暴的波浪效应将到达大部分大陆架的海床。在本节中,假设波浪为非断裂波。波浪轨道速度的振幅U_w正好在海平面以上。

在深度为h的水中,高度为H、周期为T的线性波浪(单频)所引起的海床轨道速度振幅为

$$U_w = \frac{\pi H}{T\sinh(kh)} \qquad (2-19)$$

其中,$k = 2\pi/L$为波数,L为波长。

式(2-19)给出的U值适用于陡度(=高度/波长)非常小的波,在这种情况下,U_w的大小在波峰和波谷是一样的。波峰下的轨道速度与波的方向相同,而波谷下的轨道速度则

与波的方向相反。在实践中,对输沙贡献最大的波浪会有一个较大的陡度。在这种情况下,波峰下的最大速度 U_{wc} 可由式(2-19)合理准确地给出,但波谷下的速度值则要偏小。

2.3.2　非线性波浪

在微幅波理论中,为了使问题简化,假设波动的振幅 a 远小于波长 L 或水深 h ,将非线性的水面边界条件做了线性化处理。如果 $O\left(\dfrac{H}{L}\right) > 10^{-2}$ 或 $O\left(\dfrac{H}{h}\right) > 10^{-1}$,微幅波理论的误差较大。为此需要寻求更为精确的理论,这就是非线性的有限振幅波理论所要解决的问题。

有限振幅波包括 Stokes 波、椭圆余弦波和孤立波。有限振幅波的波面形状不是简单的余弦(或正弦)曲线,而是波峰较陡、波谷较坦的非对称曲线,这是由非线性作用所致。非线性作用的重要程度取决于波高 H 、波长 L 及水深 h 的相互关系,具体来说取决于三个特征比值,即波陡 $\delta = H/L$ 、相对波高 $\varepsilon = H/h$ 和相对水深 h/L 。在深水中,影响最大的特征比值是波陡 δ , δ 越大,非线性作用越大;在浅水中最重要的参数是相对波高 ε , ε 越大,非线性作用越大。

Stokes 波不能适用水深很浅(如 $h < 0.125L$)的情况,这时就应采用浅水非线性波理论。椭圆余弦波理论是最主要浅水非线性波理论之一,该理论首先由 Kortweg 和 De Vries(1895)提出,其后由 Keulegan、Patterson、Keller 和 Wiegel 等进一步研究并使之用于工程实践。在这一理论中波浪的各特性均以雅可比椭圆函数形式给出,因此命名为椭圆余弦波理论。典型的椭圆余弦波波面曲线如图 2-2a 所示。椭圆余弦波的一个极限情况是当波长无穷大时,趋近于孤立波,其波面曲线如图 2-2b 所示。当振幅很小或相对水深 h/H 很大时,得到另一个椭圆余弦波的极限情况,称为浅水正弦波,其波面曲线如图 2-2c 所示。

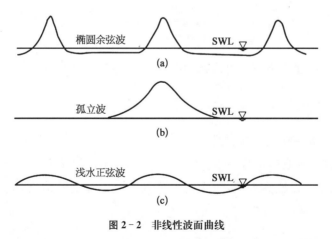

图 2-2　非线性波面曲线

Stokes 在 1847 年发表的论文中把波浪运动的速度势函数用一个级数表示,然后将此级数在水面处展开使其满足非线性边界条件,得到了有限水深条件下的二阶近似解和无限深水的 3 阶近似解。1880 年，Stokes 又给出了有限水深的 3 阶近似解和无限深水的 5 阶近似解。本书只简单介绍 Stokes 波理论的 2 阶近似解。

因此 Stokes 二阶波的势函数和波面与线性波不同，分别增加了一个二阶项，但波长和波速却仍与线性波相同。Stokes 二阶解决方案，对水深超过约 $0.01gT^2$ 时有效。

水质点速度为

$$u = \frac{\partial \phi}{\partial x} = \frac{\pi H}{T} \frac{\cosh[k(z+h)]}{\sinh(kh)} \cos(kx - \sigma t) + \frac{3}{4} \frac{\pi^2 H}{T} \left(\frac{H}{L}\right) \frac{\cosh[2k(z+h)]}{\sinh^4(kh)} \cos 2(kx - \sigma t)$$

(2 - 20)

$$w = \frac{\partial \phi}{\partial z} = \frac{\pi H}{T} \frac{\sinh[k(z+h)]}{\sinh(kh)} \sin(kx - \sigma t) + \frac{3}{4} \frac{\pi^2 H}{T} \left(\frac{H}{L}\right) \frac{\sinh[2k(z+h)]}{\sinh^4(kh)} \sin 2(kx - \sigma t)$$

(2 - 21)

对于许多沉积物运移问题的应用，使用 Stokes 的二阶理论即可，它给出了

$$U_{wc} = U_w \left[1 + \frac{3kh}{8\sinh^3(kh)} \frac{H}{h}\right]$$

(2 - 22)

$$U_{wt} = U_w \left[1 - \frac{3kh}{8\sinh^3(kh)} \frac{H}{h}\right]$$

(2 - 23)

然而，式(2-22)往往将 U_{wc} 估算过大。另外，可以使用 Isobe 和 Horikawa(1982)的方法，有

$$U_{wc} = U_w$$

(2 - 24)

$$U_{wt} = U_w [1 - r_2 \exp(-r_3 h / L_0)]$$

(2 - 25)

其中，$r_2 = 3.2(H_0/L_0)0.65$，$r_3 = -27\log_{10}(H_0/L_0) - 17$，$H_0$ 和 $L_0 = gT^2/(2\pi)$ 为深水波的高度和波长。

波峰和波谷下的速度不对称对沉积物的运输很重要，它倾向于将沉积物推向岸边。

2.3.3 随机波浪

前面所叙述的都是在确定性意义上的规则波理论，而实际的海洋波浪则是随机的，在一定的时间及地点，波浪的出现及其大小完全是任意的，预先无法确知，这种波浪称为随机波或不规则波。以波高为例，每次观测可测得一个确定的结果，但每次观测的结果彼此是不相同的，是随时间随机变化的。这种变化必须用随机函数，也称随机过程，加以描述。

海中自然形成的波浪(不规则或随机)由波高、周期和方向的频谱组成。波频谱 $S_\eta(\omega)$ 给出了波浪能量的分布，作为圆频率 $\omega = 2\pi/T$ 的函数。海中测量的频谱可以用各种半经验的

形式来近似。这些形式对应于本地产生的波，涌浪可以作为低频的额外作用。两种最广泛使用的形式是 Pierson - Moskowitz 频谱，它适用于深水中完全发展的波，以及 JONSWAP 频谱，它有一个更尖的峰值，适用于大陆架水域的增长波。两种频谱都可以用以下公式来描述，即有效波高 H_s 和频谱峰值的圆频率 ω_p：

$$S_{\eta}(\omega) = B\left(\frac{H_s}{4}\right)^2 \frac{\omega_p^4}{\omega^5} \exp\left[\frac{-5}{4}\left(\frac{\omega}{\omega_p}\right)^{-4}\right] \gamma^{\phi(\omega/\omega_p)} \tag{2-26}$$

$$\phi\left(\frac{\omega}{\omega_p}\right) = \exp\left[-\frac{1}{2\beta^2}\left(\frac{\omega}{\omega_p} - 1\right)^2\right] \tag{2-27}$$

对于 Pierson - Moskowitz 频谱：

$$B = 5, \ \gamma = 1$$

对于 JONSWAP 频谱：

$$B = 3.29, \ \gamma = 13.3$$

其中，$\omega \leqslant \omega_p$，$\beta = 0.07$；$\omega > \omega_p$，$\beta = 0.09$。

Bretschneider、ITTC 和 ISSC 频谱是其他版本，它们都具有与 Pierson - Moskowitz 频谱相同的形状。JONSWAP 频谱是最适合于沉积物运输的，因为它适用于有限的深度，波浪会感受到底层，因此沉积物也受到波浪影响。

自然海浪最常被描述的是它们的有效高度 H_s 和平均周期 T_m。这些都是由频谱的零点矩 m_0 和二点矩 m_2 定义的，即

$$H_s = 4m_0^{1/2} \tag{2-28}$$

$$T_m = (m_0/m_2)^{1/2} \tag{2-29}$$

其中，零点矩 m_0 为水面高程的方差。

除了在破浪区，这些数量与早期从人工计算波浪记录分析中得出的定义几乎相同，$H_{1/3}(\approx H_s)$ 为最高三分之一波浪的平均高度，$T_z(\approx T_s)$ 为零上横波周期。最常用的数量是 H_s 和 T_z，这里将普遍使用。

另一个有用的波高测量是均方根波高 H_{rms}，其平方是一个很好的波浪能量的平均测量参数。除了在接近断裂时，它与 H_s 的关系为

$$H_{rms} = H_s/\sqrt{2} \tag{2-30}$$

波周期的另一个衡量标准是峰值周期 $T_p = 2\pi/\omega_p$，它是波谱中峰值能量发生频率的倒数。T_p 和 T_z（或 T_m）之间的关系在理论上对每种频谱形状都有对应。

对于 Pierson - Moskowitz 频谱：

$$T_z = 0.710T_p \tag{2-31a}$$

对于 JONSWAP 频谱：

$$T_z = 0.781 T_p \qquad (2-31b)$$

有时，对于一个特定的地点，只有 H_s 值是已知的，因此有必要估计相应的波浪周期。T_z 随着 H_s 的增加而广泛增加。通过分析一些浅水区的 H_s-T_z 散点图，可以得出一个近似于 T_z 最常出现的值的关系方程式，即

$$T_z = 11 \left(\frac{H_s}{g} \right)^{1/2} \qquad (2-32)$$

这种关系大约对应于深水波浪陡度为 1/20。

下面给出一些经常用到的波高表示形式：

（1）最大波 H_{max}、T_{Hmax}：波列中波高最大的波浪。

（2）十分之一大波 $H_{1/10}$、$T_{H1/10}$：波列中各波浪按波高大小排列后，取前面 1/10 个波的平均波高和平均周期。

（3）有效波（三分之一大波）$H_{1/3}$、$T_{H1/3}$：按波高大小次序排列后，取前面 1/3 个波的平均波高和平均周期。

（4）平均波高 $\bar{H}$ 和平均波周期 $\bar{T}$：波列中所有波高的平均值和周期的平均值。

$$\bar{H} = \frac{\Sigma H_i}{N}, \ \ \bar{T} = \frac{\Sigma T_i}{N} \qquad (2-33)$$

（5）均方根波高 H_{rms} 定义为

$$H_{rms} = \sqrt{\frac{1}{N} \Sigma H_i^2} \qquad (2-34)$$

这些特征波中最常用的是有效波，其对应的波高和周期分别为 $H_{1/3}$ 和 $T_{H1/3}$。

以上波高形式与平均波高的经验关系为

$$H_{1/10} = 2.03 \bar{H} \qquad (2-35a)$$

$$H_{1/3} = 1.60 \bar{H} \qquad (2-35b)$$

$$H_{rms} = 1.13 \bar{H} \qquad (2-35c)$$

2.4 水动力对海床作用

海床剪切应力 τ_0（或底部摩擦力）是指海床上的水流对单位面积海床所施加的摩擦力，它是沉积物迁移的一个重要量，因为它代表了作用在海床沙粒上的移动驱动力。首先，假设海床是平坦的，没有沙纹或沙波，在这种情况下，只要沉积物迁移不是太激烈，总的床面剪切应力 τ_0 等于表面摩擦力 τ_{0s}。

2.4.1 海流作用

1) 表层剪切应力

床面切应力通过阻力系数 C_D 与深度平均流速 $\bar{U}$ 相关,由二次摩擦规律决定,即

$$\tau_0 = \rho C_D \bar{U}^2 \tag{2-36}$$

水利工程师使用的替代系数包括 Darcy - Weisbach 的阻力系数 f、Chezy 系数 C 和 Manning 系数 n。当相应的定律被改写成适用于海洋的形式时,这些系数可以通过以下关系在数学上与 C_D 产生联系:

$$C_D = \frac{f}{8} = \frac{g}{C^2} = \frac{gn^2}{h^{1/3}} \tag{2-37}$$

式中　h——水深;

　　　g——重力加速度。

摩阻(或剪切)速度是用速度单位表示摩擦力的一个替代量,它与 τ_0 的关系为

$$u^* = (\tau_0/\rho)^{1/2} \tag{2-38}$$

C_D 的值由床面粗糙度长度 z_0 和水深 h 决定,有

$$C_D = \alpha \left(\frac{z_0}{h}\right)^{\beta} \tag{2-39}$$

已经提出的 α 和 β 值有:

(1) Manning - Strickler 定律[1]: $\alpha = 0.047\,4$,$\beta = 1/3$ 。

(2) Dawson 等(1983)[5]: $\alpha = 0.019\,0$,$\beta = 0.208$。

该实验是在平坦的定床和动床的水槽中进行的,有相当多的散点,但在定床和动床之间似乎没有系统的差异,对所有数据进行幂律拟合,得出以下摩擦对数规律[1]:

$$\frac{u^*}{\bar{U}} = \frac{1}{7} \left(\frac{d_{50}}{h}\right)^{1/7} \tag{2-40}$$

将式(2-40)和式(2-10)相匹配,可以得到在接近床面的高度 z 处从测量的速度 $U(z)$ 中获得 u^* 的方程式

$$u^* = 0.121 \left(\frac{d_{50}}{z}\right)^{1/7} U(z) \tag{2-41}$$

或者可以用另一种对数关系的形式:

$$C_D = \left[\frac{\kappa}{B + \ln(z_0/h)}\right]^2 \tag{2-42}$$

通常情况下,假设对数速度曲线[式(2-10)]在整个水深范围内保持不变,在这种情况下,式(2-42)中 $\kappa = 0.40$,$B = 1$。

这就得到了广泛使用的公式:

$$C_D = \left[\frac{0.40}{1 + \ln(z_0/h)}\right]^2 \qquad (2-43)$$

在深水中,式(2-10)被用来表示通过水柱的速度曲线,那么 $\kappa = 0.40$,式(2-42)中 $B = (\delta/2h) - \ln(\delta/2h)$。

通常用于河流的 Colebrook-White 方程式(2-6b)对应于 $z_0 = (k_s/30) + (\nu/9u^*)$,式(2-42)中 $k_s = 0.405$,$B = 0.71$。

对数形式,式(2-43)有最强的物理依据,但幂律形式通常更便于数学操作。如果没有可用的信息,或者只需要一个粗略的估计,可以采用 $C_D = 0.0025$ 的默认值。

2) 海流总切应力

在许多情况下,海床不是平坦的,而是形成沙纹、沙丘或沙浪。这是在冲浪区以外的海域最常见的情况。在沉积物运移有限的非平坦床面,床面总切应力 τ_0 由两部分组成:由单个沙粒的阻力引起的表面摩擦(或有效切应力)部分 τ_{0s},以及由作用于沙纹或较大床面的压力场引起的形状阻力部分 τ_{0f}。则有

$$\tau_0 = \tau_{0s} + \tau_{0f} \qquad (2-44)$$

对于沙纹床面来说,τ_0/τ_{0s} 的比率通常在 $2\sim10$。只有 τ_{0s} 在移动沙粒状态时占比很大,所以在计算运动阈值、床面运移或有床面存在的沉积物夹带时,必须要有计算这个部分的方法。

Einstein(1950)提出的河流速度分布形式可表示为[6]

$$\frac{\bar{U}}{u_s^*} = 6 + 2.5\ln\left(\frac{\delta_i}{k_s}\right) \qquad (2-45a)$$

$$u_s^{*2} = g\delta_i I \qquad (2-45b)$$

其中,$k_s = 2.5d_{50}$。

式中 $\bar{U}$——深度平均速度;

g——重力加速度;

I——水面坡度(或水力坡度);

δ_i——在床面上产生的内部边界层厚度,在波峰处测量,$\delta_i \leqslant h$。

水面坡度在河流中很容易测量,可以在很长的河段上使用平整技术。但这种方法在潮汐流中不太有用,因为与潮汐有关的水面坡度 I 通常是不知道的,而且,除了在非常浅

的水中，惯性的影响使式(2-45b)多了一个额外的重要项。

在很浅的水中(如 $h < 5$ m)，流动是由摩擦力控制的，如果总的床面剪切应力 τ_0 是已知的，那么 I 可以从关系中计算出来，即

$$\tau_0 = \rho g h I, \quad h < 5 \text{ m} \tag{2-46}$$

通常，在海洋中，如果存在床面形态，就无法测量或计算真正的表面摩擦力。取而代之的是与颗粒有关的床面剪切应力(和摩擦速度)，就像没有床面形态一样。这个量在沉积物运移关系中被使用，就像它是真正的表面摩擦值一样。

总的床面剪切应力可以通过指定一个总的粗糙度长度 z_0 来计算，其中包括表面摩擦和形状阻力部分(以及泥沙输运部分，如果合适的话，见下文)。可以用方程(2-37)或(2-39)来获得总的阻力系数、床面剪切应力和摩擦速度。

在非常高的流速下，随着强烈的片状流动，会发现粗糙度的第三个组成部分，它产生于流动时所提取的移动沙粒的动量。粗糙度中的这种沉积物迁移成分 z_{0t}，与迁移强度有关，而迁移强度又与床面剪切应力 τ_{0s} 有关。

Wilson(1989a)从他的实验中发现了这样的关系[7]：

$$z_{0t} = \frac{5\tau_{0s}}{30g(\rho_s - \rho)} \tag{2-47}$$

总的床面剪切应力可以通过以下方式计算：首先，通过与颗粒相关的阻力、形状阻力的和沉积物运输的成分相加，得到总的粗糙度长度 z_0，即

$$z_0 = z_{0s} + z_{0f} + z_{0t} \tag{2-48}$$

然而，应该注意的是，由于方程的非线性特性，通过计算式(2-47)中的 z_0，然后使用式(2-43)得到的 τ_0 值将不同于通过使用方程(2-38)中的 z_{0s}、z_{0f} 和 z_{0t} 计算三个独立分量 τ_{0s}、τ_{0f} 和 τ_{0t}，然后求和得到的值。

2.4.2　波浪作用

1) 波浪表面摩擦力剪切应力

床面附近的摩擦效应产生了一个振荡的边界层，在这个边界层内，波浪的轨道速度振幅随着高度的增加而迅速增加，从床面的零到边界层顶部的值 U_w。对于光滑的床面和相对较小的轨道速度，边界层可能是层流，但在沉积物运动的情况下，更经常的是紊流。在没有海流的情况下，紊流被限制在边界层内，对于波浪来说，边界层只有几毫米或几厘米厚，而稳定海流的边界层则可能有几米或几十米厚。这就在波浪边界层中产生了更大的速度变化，这反过来又使轨道速度为 U 的波浪产生的床面切变应力比深度平均速度为 $\bar{U}$ 的稳定水流产生的切变应力大许多倍。

与海流一样,对于沉积物运输来说,波浪最重要的水动力特性是它们产生的床面切应力。在波浪的情况下,它是振荡的,有一个振幅 τ_w。它通常是通过波浪摩擦系数 f_w 从波浪的底部轨道速度 U_w 得到的,其定义为[1]

$$\tau_w = \frac{1}{2} \rho f_w U_w^2 \qquad (2-49)$$

假设床面是平的,没有沙纹。这通常是冲浪区的情况,那里的水流太激烈,不可能有沙纹存在。在这种情况下,总的床面剪切应力振幅 τ_w,等于表面摩擦力组成部分 τ_{ws},下标"s"将被省略。

波浪摩擦系数取决于水流是层流、平滑紊流还是粗糙紊流,而这又取决于波浪雷诺数 R_w 和相对粗糙度 γ,有

$$R_w = \frac{U_w A}{\nu} \qquad (2-50)$$

$$\gamma = \frac{A}{k_s} \qquad (2-51)$$

式中　U_w——底部轨道速度振幅;

　　A——半轨道偏移量,$A = U_w T / 2\pi$;

　　T——波浪周期;

　　ν——运动黏度;

　　k_s——Nikuradse 等效沙粒粗糙度。

Myrhaug(1989)给出了一个 f_w 的隐含关系,它利用了式(2-6a),在平滑、过渡和粗糙的紊流中有效[8]

$$\frac{0.32}{f_w} = \left\{ \ln(6.36 r f_w^{1/2}) - \left[1 - \exp\left(-0.026\,2\, \frac{R_w f_w^{1/2}}{r} \right) \right] + \frac{4.71 r}{R_w f_w^{1/2}} \right\} + 1.64 \quad (2-52)$$

对于粗糙的紊流,已经提出了一些粗糙床面摩擦系数 f_w 的计算公式。

Swart(1974)[9]

$$f_{wr} = 0.3, \ r \leqslant 1.57 \qquad (2-53a)$$

$$f_{wr} = 0.002\,51 \exp(5.21 r^{-0.19}), \ r > 1.57 \qquad (2-53b)$$

Nielsen(1992)[10]

$$f_{wr} = \exp(5.5 r^{-0.2} - 6.3) \qquad (2-54)$$

Soulsby(1997)[1]

$$f_{wr} = 1.39 \left(\frac{A}{z_0} \right)^{-0.52} \qquad (2-55a)$$

这也可以用 $z_0 = k_s/30$ 写成：

$$f_{wr} = 0.237r^{-0.52} \qquad\qquad (2-55b)$$

经过对比分析,方程式(2-55)具有相对较好的预测精度[1]。

平稳床面摩擦系数 f_{ws},可以从以下方面计算出来:

$$f_{ws} = BR_w^{-N} \qquad\qquad (2-56)$$

其中,当 $R_w \leqslant 5 \times 10^5$(层流) 时,$B = 2$, $N = 0.5$;当 $R_w > 5 \times 10^5$(光滑紊流) 时,$B = 0.052\,1$, $N = 0.187$。

2) 波浪总切应力

在浅海的大多数地区,除了冲浪区外,床面一般都形成波纹。这些波纹可能是海流产生的,也可能是波浪产生的,但本节假定它们是波浪产生的。也可能有沙丘或沙浪存在。如同海流的情况,在沉积物运移有限的非平坦床面上,波浪引起的床面切应力 τ_w 由表面摩擦分量 τ_{ws} 和形状阻力分量 τ_{wf} 组成,即

$$\tau_w = \tau_{ws} + \tau_{wf} \qquad\qquad (2-57)$$

本书第 4 章给出了计算波浪产生的沙纹的尺寸和有效粗糙度的各种方法,这些方法可以计算出 z_0 的值,其中可能包含一个与强烈的沉积物运移作用相对应的项,以及表面摩擦粗糙度(或与颗粒有关的)和沙纹形状-拖曳粗糙度的项。

通常用一个与颗粒相关的床面切应力(也将用 τ_{ws} 表示,并称之为床面表面摩擦 τ_{ws} 切应力)来近似计算,在摩擦计算中使用 $z_0 = d_{50}/12$ 的值。这样做的理由是 τ_{ws} 可以相对容易和明确地计算出来,并且可以作为一个独立的变量,与沙纹尺寸或沉积物参考浓度等因变量相关。

2.4.3　波流共同作用

在沿岸和大陆架海大部分地区中,波浪和洋流都在泥沙运动中起到了非常重要的作用。这种情况下的处理是相当复杂的。因为波浪和洋流在水动力学上相互作用,它们的相互作用不仅仅是它们各自作用的简单线性和。波浪和洋流相互作用的机制包括:① 洋流改变波浪的相位速度和波长,导致波的折射;② 波浪和洋流边界层的相互作用,导致海床剪切应力的稳定分量和振荡分量的增强;③ 由波浪产生的海流,包括沿岸海流、逆流和大规模运输(流)海流。

由静止观测器观测时,在存在洋流的情况下传播的浪波会发生形变,这是因为波动方程适用于随着当前速度移动的参考系。如果洋流将给定波长的波带向静止的观测器,多普勒效应会导致其周期变短。对于更常见的情况如波周期固定(以保持波的总数),当波

遇到反向洋流时,波长减小,波高增加(以保持能量传输速率)。相反的现象发生在洋流跟随波浪的情况下。垂直于波浪传播方向的洋流分量对波浪没有影响。

绝对弧度频率 ω 和波数 k 的波浪的色散关系,在与波传播方向成角度 ϕ、速度为 $\bar{U}$ 的深度激流存在的情况下为

$$(\omega - \bar{U}k\cos\phi)^2 = gk\tanh(kh) \tag{2-58}$$

式中　　g——重力加速度;

　　　　h——水深;

$\omega - \bar{U}k\cos\phi$——相对(弧度)波频率。

绝对频率是静止观测器测得的频率,而相对频率是随洋流移动的观测器测得的频率。

当洋流沿与波浪相同的方向传播时,$\phi=0°$;当洋流沿与波浪相反的方向传播时,$\phi=180°$。$\phi=0°$、$180°$ 和 $\pm90°$ 以外的角度会导致波浪被洋流折射。对于足够大的反向流($\bar{U}>\omega/k$),波浪无法传播。

(1) k 可以通过式(2-58)计算求解色散关系,因此波长 $L=2\pi/k$ 可以通过牛顿-拉弗森迭代作为 $\omega=2\pi/T$、$\bar{U}$ 和 ϕ 的函数或 Southgate(1988)描述的计算方法求解。

(2) 波传播、变换、波长和轨道速度的计算需要使用当前修正的色散关系式(2-58)。然而在计算边界层特性时,应使用绝对(非相对)波频率 ω。

波浪和流组合下的床剪切应力增加,超过了波浪和海流单独应力简单线性叠加产生的值,这是因为波浪和海流边界层之间存在非线性的相互作用。已存在 20 多种不同的理论和模型来描述这一过程。各模型之间的差异通常为 $30\%\sim40\%$,在强波浪主导的条件下,差异高达 3 倍。Soulsby 等(1993)推导出了模型的代数近似(在大多数情况下精确到 $\pm5\%$),并给出了相应的结论[11]。

Soulsby(1995)通过优化用于拟合理论模型的 τ_{max} 的参数化表达式中的 13 个系数得出了一种基于数据的方法。使用了同一组 131 个数据点。与任何模型相比,该方法对数据的拟合程度都要高得多(尽管从数学上讲,这是必要的,不能再差了)。研究发现,双系数优化(DATA2)对数据的拟合程度几乎与最佳理论模型一样好。该方法简化为[12]

$$\tau_m = \tau_c\left[1+1.2\left(\frac{\tau_w}{\tau_c+\tau_w}\right)^{3.2}\right] \tag{2-59}$$

式中　τ_c、τ_w——仅有洋流作用下的床剪切应力和仅有波浪作用下的床剪切应力。

对于波浪和海流存在倾斜角度中的情况,最大剪切应力 τ_{max} 需要通过式(2-55a)和式(2-49)获得的 τ_w 的向量相加得出,即

$$\tau_{max} = \left[(\tau_m+\tau_w\cos\phi)^2+(\tau_w\sin\phi)^2\right]^{1/2} \tag{2-60}$$

以上方法同样适用于计算总的床剪切应力和表面摩擦。在第一种情况下要使用 z_0 的总值,第二种情况要使用 $z_0=z_{0s}=d_{50}/12$。

参 考 文 献

［ 1 ］ Soulsby R. Dynamics of marine sands：A manual for practical applications ［M］. London：Thomas Telford，1997.

［ 2 ］ Christoffersen J B, Jonsson I G. Bed friction and dissipation in a combined current and wave motion ［J］. Ocean Eng, 1985, 12(5)：387 – 423.

［ 3 ］ Colebrook C F, White C M. Experiments with fluid friction in roughened pipes[J]. Proc. Roy. Soc., Series A, 1937, 161：367 – 381.

［ 4 ］ 李玉成,滕斌.波浪对海上建筑物的作用[M].北京：海洋出版社,2002.

［ 5 ］ Dawson G P, Johns B, Soulsby R L. A numerical model of shallow-water flow over topography, in：Physical Oceanography of Coastal and Shelf Seas, ed. B. Johns. 1983, pp. 267 – 320. Elsevier, Amsterdam.

［ 6 ］ Einstein H A. 1950. The bed-load function for sediment transportation in open channel flows[R]. Techn. Bulletin 1026, US Dept of Agriculture.

［ 7 ］ Wilson K C. Mobile-bed friction at high shear stress[J]. J. Hydraulic Eng., ASCE, 1989, 115(6)：825 – 830.

［ 8 ］ Myrhaug D. A rational approach to wave friction coefficients for rough, smooth and transitional turbulent flow[J]. Coastal Engineering, 1989, 13：11 – 21.

［ 9 ］ Swart D H. Offshore sediment transport and equilibrium beach profiles[D]. The Netherlands：Delft Hydraulics Laboratory, 1974.

［10］ Nielsen P. Coastal bottom boundary layers and sediment transport ［M］. Singapore：World Scientific Publishing, 1992.

［11］ Soulsby R, Hamm L, Klopman G, et al. Wave-current interaction within and outside the bottom boundary layer[J]. Coastal Engineering, 1993, 21：41 – 69.

［12］ Soulsby R. Bed shear-stresses due to combined waves and currents. in Advances in Coastal Morphodynamics, ed. M.J.F.Stive, et al., pp.4 – 20 to 4 – 23. Delft Hydraulics, Netherlands.

第 3 章

泥沙运动基本理论

水动力作用下的泥沙运动最终导致了海底沙波的形成和运移。本章首先介绍了水和泥沙颗粒的基本特性,涉及海底沙波数值模型中常用到的泥沙参数和泥沙状态关系;进一步对泥沙颗粒的临界起动条件进行阐述,当泥沙颗粒运动超过临界条件之后,才会发生泥沙的输运,才有可能形成海底沙波;而泥沙输运总体上分为推移质输运和悬移质输运两大类。海底沙波的形成是推移质输运和悬移质输运的综合结果。本章将对以上海底沙波形成和运移过程中的泥沙特性及泥沙输运状态进行详细阐述。

3.1 水和泥沙特性

3.1.1 水的密度和黏度

海水的密度一般随温度降低而减小,随盐度增加而增大。淡水在 4℃左右时密度最大,海水的最大密度出现在大约−1.9℃。泥沙的悬浮物也会增加水的有效体积密度。悬移质产生的密度效应可以抑制紊流,或在倾斜的床面上产生紊流。

运动黏度 ν 是水的分子特性,对于层流来说,其定义如下:

$$\tau = \rho\nu\frac{\mathrm{d}U}{\mathrm{d}z} \qquad (3-1)$$

式中 τ——在高度 z 处的水平剪切应力;

ρ——水的密度,4℃时,$\rho = 1.0 \times 10^3 \ \mathrm{kg/m^3}$;

U——在高度 z 处的水平速度;

z——垂直坐标高度;

ν——水分子运动黏度,20℃时,$\nu = 1.0 \times 10^{-6} \ \mathrm{m^2/s}$。

研究中有时也用到动力黏度的概念,即 $\mu(=\rho\nu)$,20℃时,$\mu = 1.0 \times 10^{-3} \ \mathrm{Pa \cdot s}$。运动黏度 ν 更广泛地用于沉积物运输中。水的运动黏度 ν 随温度降低而降低,随盐度增加而增加。泥沙的悬浮浓度也会增加水体的有效黏度 ν_e,有以下关系:

$$\nu_e = \frac{\nu}{1-2.5C} \qquad (3-2)$$

式中 C——颗粒的体积浓度。

对于单个颗粒周围的流动(如计算沉降速度),仍应使用未修改的运动黏度。

3.1.2 泥沙特性

常见的海洋工程研究中泥沙颗粒根据粒径大小可以分为黏土、软泥、粉土、沙、砾石、卵石、漂石和块石等,其粒径大小划分见表 3-1。

表 3-1　泥沙分类
(单位：mm)

黏土	软泥	粉土	沙	砾石	卵石	漂石	块石
<0.005	0.005~0.01	0.01~0.05	0.05~2.0	2.0~20	20~100	100~1 000	>1 000

在地质学研究中,还经常使用参数 ϕ 来定义泥沙的粒径,其与泥沙粒径的关系为

$$\phi = -\log_2 d \tag{3-3}$$

或

$$d = 2^{-\phi} \tag{3-4}$$

式中　d——以毫米为单位的泥沙颗粒直径。

天然泥沙是含有各种粒度的混合物,测量粒度分布最常见的方法是筛分法,筛子的网孔按设定的比例向下依次递减。为了反映混合沙总体粗细程度及粒径分布均匀程度,可根据泥沙取样分析结果绘制其粒径级配曲线。粒度分布通常以累积曲线的形式呈现,表示出粒径小于 d 的颗粒的质量百分比与 d 的关系,如图 3-1 所示。

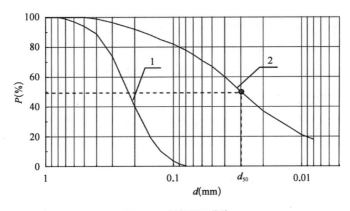

图 3-1　粒径级配曲线

泥沙颗粒的特征尺寸通常由中值粒径 d_{50}(比该颗粒直径小的占总质量 50%)来表示,其他常用粒径表示方法还包括 d_{10}、d_{16}、d_{35}、d_{65}、d_{84}、d_{90} 等。

常用的衡量泥沙分类程度的标准是几何标准偏差 σ_g,有

$$\sigma_g = \sqrt{d_{84}/d_{16}} \tag{3-5}$$

有时也用 d_{90} 和 d_{10} 的比值来表示。如果泥沙样品颗粒几何标准差范围较窄,则视为分选良好;如果几何标准差范围较宽,则视为混合良好。例如,泥沙样品的 $d_{84}/d_{16} < 2$(或 $d_{90}/d_{10} < 2.4$),那么它是分选良好的;而如果 $d_{84}/d_{16} > 16$(或 $d_{90}/d_{10} > 35$),那么它是混合良好的。

通常泥沙粒径分布近似于对数正态分布,也就是说,粒径的对数有一个近似于正态

（高斯）的频率分布。如果是以 ϕ 单位，对数正态分布的累积粒径分布（按质量计算的百分比）在概率图纸上则表示成一条直线。

泥沙颗粒的矿物成分和几何形状决定了其水力特性。由石英颗粒组成的泥沙，其颗粒密度通常接近 2.65×10^3 kg/m³，并且是大体上为球形（即它们的主轴和次轴的变化通常不超过 2 倍）；有些泥沙中存在海洋生物破碎的壳体，其中贝壳的密度通常约为 2.40×10^3 kg/m³，且贝壳和碎片通常具有板状、不规则和有棱角的形状；另外还可能存在其他矿物，比如煤的密度约为 1.40×10^3 kg/m³。具有低密度的泥沙颗粒在水力学上的表现与直径较小的石英颗粒相似，由于水力分选它们通常会与石英颗粒混合在一起。因此在沉积物输运计算中，通常的做法是基于水力相似性，将样本中的泥沙颗粒全部视为由石英颗粒代表。对于其他不同来源的沙质，如珊瑚钙质沙和火山灰质沙，其水力学特性（沉降速度和起动临界值等）应在实验室中测得。

3.1.3 水沙混合物

通常泥沙颗粒处于浸没水中的状态，对于水沙混合物的描述主要有：

（1）相对重度 s：泥沙颗粒的密度与水密度的比值。

（2）体积浓度 C_V：泥沙颗粒的体积与水沙混合物总体积的比值。

（3）质量浓度 C_M：泥沙颗粒的质量与水沙混合物总质量的比值。

（4）孔隙比 n：水的体积占水沙混合物总体积的比值。

其相互之间的常用转化关系如下：

$$C_M = \rho_s (1 - n) \tag{3-6}$$

$$C_V = 1 - n \tag{3-7}$$

$$C_V = C_M / \rho_s \tag{3-8}$$

式中　ρ_s ——泥沙颗粒的材料密度，对于石英砂取 2 650 kg/m³；水的密度 ρ，对于淡水为 1.0×10^3 kg/m³，海水为 1.027×10^3 kg/m³。

（5）休止角 ϕ：指泥沙自然堆积塌落停止后最终坡角。沙纹和沙波的倾斜角，以及垂直圆柱围的锥形冲刷坑的倾斜角，都可由休止角确定。

3.1.4 渗透性

水在多孔介质（如沙床）中的流动取决于介质的渗透性。层流状态下，颗粒粒径小于 1 mm 的情况下，流速与驱动流动的压力梯度的关系满足达西定律[1]：

$$V_B = \frac{K_p}{\rho \nu} \frac{\mathrm{d}p}{\mathrm{d}z} \tag{3-9}$$

$$V_B = K_I I \tag{3-10}$$

式中 V_B——体积流速；

$\mathrm{d}p/\mathrm{d}z$——压力梯度；

I——水力梯度；

K_p——渗透率，m^2；

K_I——渗透系数，$\mathrm{m/s}$。

体积流速 V_B 为床面上与流速垂直的每单位面积上水的排出量，它的速度比颗粒之间的孔隙流速度要小；压力梯度 $\mathrm{d}p/\mathrm{d}z$ 适用于垂直方向的流动，但式(3-9)可以适用于任何方向。水力梯度 I 是对压力梯度的一种测量，其中压力表示为水头，因此 I 为无量纲的。压力梯度和水力梯度的关系为

$$\frac{\mathrm{d}p}{\mathrm{d}z} = g\rho I \tag{3-11}$$

因此，式(3-9)和式(3-10)通过以下方式联系起来：

$$K_I = \frac{gK_p}{\nu} \tag{3-12}$$

物理学角度更倾向于使用式(3-9)，而土力学角度更倾向于式(3-10)。式(3-9)为更通用的表达方式，因为它没有引入在渗透性流动中没有直接作用的虚假量 g。此外，渗透率 K_p 也经常用到，因为它只取决于多孔介质(如沙质海床)的特性，而渗透系数 K_I 则取决于多孔介质和流体两者的特性。

对于颗粒大于 1 mm 的泥沙，颗粒间的流动可能会形成湍流，施加在颗粒上的力是黏性(速度线性)和湍流(速度平方)的组合。达西定律[式(3-10)]的形式被 Forchheimer 方程所取代，即

$$I = a_I V_B + b_I V_B^2 \tag{3-13}$$

其中，$a_I = 1/K_I$，与式(3-10)一致。另外，式(3-13)还可以进一步写成

$$\frac{\mathrm{d}p}{\mathrm{d}z} = a_p \frac{\rho\nu}{d^2} V_B + b_p \frac{\rho}{d} V_B^2 \tag{3-14}$$

这些系数通过式(3-9)和式(3-11)进行关联，即

$$K_p = \frac{d^2}{a_p}; \quad a_I = \frac{\nu}{gd^2} a_p; \quad b_I = \frac{1}{gd} b_p a_p \tag{3-15}$$

其中，无量纲系数 a_p 和 b_p 为孔隙率、颗粒形状、堆积方式及颗粒级配的函数。

渗透性在以下应用中起到重要的作用：① 海床对波浪能量的缓冲；② 波浪输沙量的预测；③ 人工排水稳定海滩；④ 污染物在床面的交换；⑤ 砾石海滩的渗流；⑥ 堆石体防波堤的稳定性等。

3.1.5　可液化性

海床中向上流动的水体会对泥沙颗粒产生一个向上的拖曳力,与渗流的阻力相对应。如果这个向上的拖曳力大于泥沙沙粒的浮容重,海床就会形成液化。颗粒的重量不再由其他颗粒支撑,而是由流体力支撑,海床的性质类似于流体,放在海床上的物体会发生下沉。

液化所需的最小垂直压力梯度力等于平衡颗粒所受到的重力[1]:

$$\left(\frac{\mathrm{d}p}{\mathrm{d}z}\right)_{mf}=g(\rho_s-\rho)(1-\varepsilon) \tag{3-16}$$

液化所需的向上最小的速度 W_{mf} 为

$$W_{mf}=\frac{\nu}{d}\left[(10.36^2+1.049\varepsilon^{4.7}D_*^3)^{1/2}-10.36\right] \tag{3-17}$$

其中, $D_*=\left[\dfrac{g(s-1)}{\nu^2}\right]^{1/3}d$ 。

式中　ν——水的运动黏度;

　　　d——颗粒直径;

　　　ε——床的孔隙率;

　　　g——重力加速度;

　　　s——泥沙颗粒相对重度。

Wen 和 Yu[2] 给出了以下公式,其形式与式(3-17)相似,但不包括孔隙率的影响:

$$W_{mf}=\frac{\nu}{d}\left[(33.7^2+0.0408D_*^3)^{1/2}-33.7\right] \tag{3-18}$$

HR Wallingford 液化试验结果也表明 W_{mf} 与孔隙率的关系较小,并给出了一个平均值(适用于粒径小于 0.8 mm 的颗粒):

$$W_{mf}=5.75\times10^{-4}(s-1)\frac{gd_{50}^2}{\nu} \tag{3-19}$$

液化对于自然或人工情况下垂直床面向上的流动情况有重要影响,它可能导致床面上的物体或结构失稳。液化也可能由波浪作用引起,并且可能是导致沉积物输运的一个重要因素。

3.2　泥沙颗粒临界起动

泥沙颗粒的起动是海流、海浪与海床相互作用研究中的一个重要因素,包括结构周围的冲刷及保护、海床演变、推移质运输及细颗粒物沉积再悬浮等问题。

3.2.1　临界起动流速和波高

在水流较缓的情况下,床面上的沙粒开始保持静止;随着流速慢慢增加,在达到某一特定流速下,一些沙粒开始发生移动,称为泥沙颗粒的临界起动。同样地,在波浪作用及波浪和海流共同作用下也存在类似的情况。

对于在单向海流下,在水深为 h 的平坦床面上颗粒起动所需的临界平均速度 $\bar{U}_{cr}$, van Rijn[3]给出了以下公式（15℃, g 取 9.81 m/s^2, $\rho_s = 2\,650$ kg/m^3）:

$$\bar{U}_{cr} = 0.19(d_{50})^{0.1}\log_{10}(4h/d_{90}) \quad (0.1 \text{ mm} \leqslant d_{50} \leqslant 0.5 \text{ mm}) \tag{3-20}$$

$$\bar{U}_{cr} = 8.5(d_{50})^{0.6}\log_{10}(4h/d_{90}) \quad (0.5 \text{ mm} < d_{50} \leqslant 2.0 \text{ mm}) \tag{3-21}$$

Soulsby[4]给出了非黏性泥沙颗粒起动的临界流速公式:

$$\bar{U}_{cr} = 7\left(\frac{h}{d_{50}}\right)^{1/7}\left[g(s-1)d_{50}f(D_*)\right]^{1/2} \quad (D_* > 0.1) \tag{3-22}$$

其中

$$f(D_*) = \frac{0.30}{1+1.2D_*} + 0.055[1 - \exp(-0.020D_*)]$$

$$D_* = \left[\frac{g(s-1)}{\nu^2}\right]^{1/3}d_{50} \tag{3-23}$$

在波浪作用下,泥沙颗粒的临界起动取决于床面波轨速度的振幅 U_w、波浪周期 T 及颗粒直径 d 和密度 ρ_s。临界波轨速度 U_{wcr} 可以用 Komar 和 Miller[5]的方程式确定:

$$U_{wcr} = [0.118g(s-1)]^{2/3}d^{1/3}T^{1/3} \quad (d < 0.5 \text{ mm}) \tag{3-24}$$

$$U_{wcr} = [1.09g(s-1)]^{4/7}d^{3/7}T^{1/7} \quad (d > 0.5 \text{ mm}) \tag{3-25}$$

这一系列方程被广泛使用,但其缺点是在 $d = 0.5$ mm 处有一个很大的不连续点。

3.2.2　临界起动剪切应力

泥沙颗粒起动的更精确描述可以根据床面剪切应力给出,该种方法是 Shields 于 1936 年提出的,即颗粒起动需要的床剪切应力与泥沙颗粒的浮容重之比定义为临界 Shields 参数 θ_{cr}:

$$\theta_{cr} = \frac{\tau_{cr}}{g(\rho_s - \rho)d_{50}} \tag{3-26}$$

式中　τ_{cr}——临界起动剪切应力。

单向流下的临界 Shields 数可以扩展到波浪及波浪和水流组合情况。对于波浪下的 θ_{cr} 值为振幅 θ_w;对于波流组合情况采用一个波周期内的最大值 $\theta_{\max}$。Shields 通过获得的相关数据,提出了著名的 Shields 曲线[1],如图 3-2 所示。Soulsby 和 Whitehouse[6]提出了一个拟合的经验公式与 Shields 曲线符合很好,即

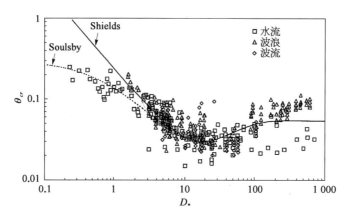

图 3-2　波浪和/或水流下泥沙起动临界条件

$$\theta_{cr} = \frac{0.24}{D_*} + 0.055[1 - \exp(-0.020D_*)] \tag{3-27}$$

并进一步对式(3-27)进行了修正和改进(图 3-2):

$$\theta_{cr} = \frac{0.30}{1 + 1.2D_*} + 0.055[1 - \exp(-0.020D_*)] \tag{3-28}$$

对于较大粒径的颗粒($D_* > 200$),式(3-27)和式(3-28)都给出了近似恒定的值 $\theta_{cr} = 0.055$。这些较大的颗粒尺寸对应于海床中石英砂颗粒约为 $d > 10$ mm,由此可得到临界起动的颗粒直径 d_{cr},这对于计算砾石冲刷保护材料临界尺寸十分有用。将 $\theta_{cr} = 0.055$ 与式(3-26)相结合,可以得到单向流下临界起动粒径 d_{cr} 公式:

$$d_{cr} = \frac{0.250\overline{U}^{2.8}}{h^{0.4}[g(s-1)]^{1.4}} \quad (d_{cr} > 10 \text{ mm}) \tag{3-29}$$

同理,$\theta_{cr} = 0.055$ 与式(3-26)相结合,可以得到波浪下的临界起动粒径 d_{cr} 公式:

$$d_{cr} = \frac{97.9U_w^{3.08}}{T^{1.08}[g(s-1)]^{2.08}} \quad (d_{cr} > 10 \text{ mm}) \tag{3-30}$$

式中　d_{cr}——临界颗粒直径;

　　　$\overline{U}$——深度平均流速;

　　　h——水深;

　　　U_w——海底水轨道速度幅度;

　　　T——水波周期;

　　　g——重力加速度;

　　　s——颗粒和水的密度比。

如果床面是倾斜的,那么重力会在泥沙颗粒上提供一个作用力分量,可能会增加或减小起动所需的临界剪切应力。重力以矢量形式添加到流体剪切应力上计算任意坡度床面上流向和横向的临界起动,在与水平面成 β 角倾斜的面床上,在流向与上坡方向呈 ψ 角时,泥沙颗粒起动的临界剪切应力 $\tau_{\beta cr}$ 与平床上相同颗粒的 τ_{cr} 值相关表达式为[1]

$$\frac{\tau_{\beta cr}}{\tau_{cr}} = \frac{\cos\psi\sin\beta + (\cos^2\beta\tan^2\phi - \sin^2\psi\sin^2\beta)^{1/2}}{\tan\phi} \qquad (3-31)$$

式中　ϕ——沉积物的休止角。

在休止角处,沉积物将在零流量下崩塌。因此,如果 $\beta > \phi$,则发生崩塌。如果流向为上坡方向 $(\psi = 0°)$,则式(3-31)简化为

$$\frac{\tau_{\beta cr}}{\tau_{cr}} = \frac{\sin(\phi+\beta)}{\sin\phi} \qquad (3-32)$$

如果流量沿着斜坡向下 $(\psi = 180°)$,则

$$\frac{\tau_{\beta cr}}{\tau_{cr}} = \frac{\sin(\phi-\beta)}{\sin\phi} \qquad (3-33)$$

如果水流是横向穿过斜坡 $(\psi = \pm 90°)$,那么

$$\frac{\tau_{\beta cr}}{\tau_{cr}} = \cos\beta\left(1 - \frac{\tan^2\beta}{\tan^2\phi}\right)^{1/2} \qquad (3-34)$$

3.3　推移质输运

床面的泥沙主要以推移质和悬移质这两种形式移动。在超过临界起动流速的海流或波浪作用下,泥沙开始进入运动状态,沙粒沿床面以滚动、滑动和跳动的方式进行移动,其中沙粒的重量由与其他沙粒间的相互作用来承担,而不是由支持推移质的向上流体运动来承担,此部分泥沙称为推移质。同时,在水中长时间悬浮,随水流一起运动的泥沙称为悬移质。位于海床中,静止不动的泥沙为床沙。

推移质运动具有明显的间歇性,运动时为推移质,静止时为床沙,运动速度比水流速度要慢许多。推移质从静止状态转为运动状态及在运动过程中都要消耗大量水流能量。推移质运输可以发生在:① 低流速时,平床上的泥沙运动;② 较强的流速下,与沙纹或更大的底形一起出现;③ 极高流速下,底形被冲刷,床面发生动平整情况下。

在低流速和/或大颗粒的情况下,推移质是主要的运输方式。粗砂和砾石主要以推移质方式运输。对于超过临界起动流速的较强水流,仍会发生推移质输送,但悬移质数量往往比推移质输送的数量大得多,特别是对于细沙。

推移质输沙率可以用各种单位表示:

q_b——体积输沙率,即单位时间(s)在单位床面宽度(m)上移动的颗粒总体积 (m^3),
　　　其单位是 m^2/s。

Q_b——$Q_b = \rho_s q_b$，即质量输沙率，kg/(m·s)。

i_b——$i_b = (\rho_s - \rho) g q_b$，即水下质量输沙率，N/(m·s)。

q_B——$q_B = q_b/(1-\varepsilon)$，即单位时间和宽度内，床面泥沙（包括孔隙水）的输运体积，m²/s。

3.3.1 海流下的推移质输运

以往学者们已经提出了许多推移质输沙率公式，可以用以下形式表示[1]：

$$\Phi = \text{func}(\theta, \theta_{cr}) \tag{3-35}$$

其中，$\Phi = \dfrac{q_b}{[g(s-1)d^3]^{1/2}}$，$\theta = \dfrac{\tau_0}{g\rho(s-1)d}$。

式中　Φ——无量纲的推移质输沙率；

　　　θ——Shields 数；

　　　θ_{cr}——临界起动 θ 值；

　　　q_b——单位宽度的体积推移质输沙率；

　　　s——泥沙颗粒的相对重度。

比较常用单向流下的推移质输沙公式最开始是用于河流研究中，比如：

（1）Meyer-Peter 和 Müller(1948)公式[7]：

$$\Phi = 8(\theta - \theta_{cr})^{3/2} \tag{3-36}$$

其中，$\theta_{cr} = 0.047$。

（2）Bagnold(1963)公式[8]：

$$\Phi = F_B \theta^{1/2}(\theta - \theta_{cr}) \tag{3-37}$$

其中，$F_B = \dfrac{0.1}{C_D^{1/2}(\tan\varphi + \tan\beta)}$。

式中　θ——总 Shields 参数；

　　　C_D——总阻力系数；

　　　φ——休止角；

　　　β——床面坡度角，上坡为正、下坡为负。

（3）van Rijn(1984)公式[3]：

$$\Phi = F_R \theta^{1/2}(\theta^{1/2} - \theta_{cr}^{1/2})^{2.4} \tag{3-38}$$

其中，$F_R = \dfrac{0.005}{C_D^{1.7}}\left(\dfrac{d}{h}\right)^{0.2}$。

式中，C_D 和 θ 的定义同 Bagnold(1963)公式。

(4) Yalin(1964)公式[9]：

$$\Phi = F_Y \theta^{1/2}(\theta - \theta_{cr}) \tag{3-39}$$

其中，$F_Y = \dfrac{0.635}{\theta_{cr}}\left[1 - \dfrac{1}{\alpha T}\ln(1+\alpha T)\right]$；$\alpha = 2.45\theta_{cr}^{0.5}s^{-0.4}$；$T = (\theta - \theta_{cr})/\theta_{cr}$。

(5) Madsen(1991)公式[10]：

$$\Phi = F_M(\theta^{1/2} - 0.7\theta_{cr}^{1/2})(\theta - \theta_{cr}) \tag{3-40}$$

其中，$F_M = 8/\tan\varphi_i$，用于滚动/滑动的沙粒。

(6) Nielsen (1992)公式[11]：

$$\Phi = 12\theta^{1/2}(\theta - \theta_{cr}) \tag{3-41}$$

上述公式中可以理解为如果 $\theta \leqslant \theta_{cr}$，即流速低于泥沙的临界起动值，则输沙率为零。式(3-41)是 Nielsen(1992)通过拟合推移质运移数据提出的，由 Soulsby 在层流理论和实验的基础上得出。上述公式总体上有相似之处，主要在系数的形式上有所不同。尽管上述公式是针对河流中的单向流提出的，但也可以用在海洋的潮流及在波浪或波浪与海流结合的情况下，并采用瞬时值，因为与潮汐或波浪周期相比，沙粒在推移质运动中的反应时间非常短。

3.3.2　波浪下的推移质输运

在波浪下，如果水质点的振荡速度是对称的（如正弦波），床面的净推移质输沙必然为零。在不对称的波浪运动中，如在浅水区的波浪波陡较大时，存在非零的泥沙净运移，因为波峰下的运移大于波谷下的运移，从而导致在波浪运动方向上的泥沙净运移。此时，泥沙净输运量可以计算为波峰时半周期输运和波谷时的半周期输运之差。

研究者们提出了一些关于波浪半周期内体积输沙率 $q_{b1/2}$ 的公式。

(1) Madsen 和 Grant(1976)公式[12]：

$$q_{b1/2} = F_{MG}w_s d\theta_w^3 \tag{3-42}$$

其中，$F_{MG} = 12.5$，$(\theta_w \gg \theta_{cr})$；$F_{MG} \to 0$，$(\theta_w \to \theta_{cr})$。

(2) Sleath (1978)公式[13]（适用于粗砂）：

$$q_{b1/2} = 47\omega d^2(\theta_w - \theta_{cr})^{3/2} \tag{3-43}$$

(3) Soulsby(1997)公式[1]：

$$q_{b1/2} = 5.1[g(s-1)d^3]^{1/2}(\theta_w - \theta_{cr})^{3/2} \tag{3-44}$$

式中　θ_w——由波引起的 θ 的振幅；

w_s——颗粒的沉降速度；

ω ——弧度波频率。

如果 $\theta_w \leqslant \theta_{cr}$，式(3-43)和式(3-44)中 $q_{b1/2}=0$。

式(3-44)是通过对式(3-41)在半个波周期内进行积分得到的。

3.3.3 波流作用下的推移质输运

对于波浪和海流的结合,波浪提供了一个掺混作用,使沉积物颗粒悬起,而海流则提供了一个净运输的机制。床面剪切应力的非线性相互作用是决定推移质运输的一个重要因素。下面的公式给出了在正弦波周期内平均的推移质净输运率。

(1) Bijker(1967)[15]提出了最早的波浪与海流结合的泥沙输运公式,目前仍被广泛使用,它是通过波浪-海流相互作用模型确定床面剪切应力而得出的,有

$$q_b = A_B u_* d \exp\left[\frac{-0.27g(s-1)d}{\mu(u_*^2+0.016U_W^2)}\right] \tag{3-45}$$

其中, $u_* = \dfrac{0.40\overline{U}}{\ln(12h/\Delta_r)}$, $\mu = \left[\dfrac{\ln(12h/\Delta_r)}{\ln(12h/d_{50})}\right]^{1.5}$。

式中　u_* ——由海流单独作用产生的(总)摩擦速度;

　　　μ ——沙纹系数;

　　　U_W ——波轨速度幅值。

　　　$A_B=1$ 为非破碎波, $A_B=5$ 为破碎波。

(2) Soulsby(1990)[16]进一步提出了波流作用下的推移质输沙公式:

$$\Phi_{x1} = 12\theta_m^{1/2}(\theta_m - \theta_{cr}) \tag{3-46}$$

$$\Phi_{x2} = 12(0.95+0.19\cos 2\phi)\theta_w^{1/2}\theta_m \tag{3-47}$$

$$\Phi_x = \max(\Phi_{x1}, \Phi_{x2}) \tag{3-48}$$

$$\Phi_y = \frac{12(0.19\theta_m\theta_w^2\sin 2\phi)}{\theta_w^{3/2}+1.5\theta_m^{3/2}} \tag{3-49}$$

其中, $\Phi_{x,y} = \dfrac{q_{bx,y}}{[g(s-1)d^3]^{1/2}}$。

式中　q_b ——单位宽度的平均体积输沙率;

　　　q_{bx} —— q_b 在水流方向上的分量;

　　　q_{by} —— q_b 当存在角度 ϕ 时,在与水流方向呈 ϕ 角度上的分量;

　　　θ_m ——一个波浪周期内 θ 的平均值;

　　　θ_w ——由于波浪引起的 θ 的振荡幅值;

　　　ϕ ——海流与波浪行进方向的夹角。

$$\theta_{\max} = \left[(\theta_m + \theta_w \cos \phi)^2 + (\theta_w \cos \phi)^2 \right]^{1/2}$$

如果床面存在沙纹，则使用表面摩擦分量 θ_w、θ_m 和 $\theta_{\max}$。如果 $\theta_{\max} < \theta_{cr}$，则 $\Phi_x = \Phi_y = 0$。上述方程是通过对式(3-41)在一个波浪周期内的积分得到的推移质输沙量的近似值，其中 θ 的振荡分量具有正弦波的时间相关性。

海流的影响通过 θ_m 引入，而波浪的影响通过 θ_w 引入。式(3-46)对应于海流主导的条件，而式(3-47)则对应于波浪主导的条件。θ_m 的值是通过第 4 章给出的波浪-海流相互作用方法之一计算 τ_m 而得到的。

Φ_y 项在 $\phi \neq 0°$、$90°$、$180°$ 或 $270°$ 时为非零，说明有斜向波的存在会引起泥沙的横向运移；对于斜向波引起的沿岸流，则泥沙输运指向岸上。

3.4　悬移质输运

在流速或波浪条件明显高于临界起动值的情况下，泥沙颗粒会被带离床面，进入悬浮状态，以与流速相同的速度被水流携带。当这种情况发生时，由悬移质携带的泥沙比例通常比同时以推移质输运的泥沙比例大得多。此时，悬移质对总的泥沙输运率有重要贡献。

3.4.1　悬浮标准和颗粒大小

为了使颗粒保持悬浮状态，它们的沉降速度必须小于速度的上升湍流分量，这与底摩阻速度 u_* 有关。泥沙颗粒悬浮临界值的标准可由以下关系近似给出

$$u_* = w_s \tag{3-50}$$

式中　u_*——摩阻速度；

　　　w_s——沉降速度。

对于混合沉积物，式(3-50)可以应用于每个粒径组分。如果床面泥沙级配分布较广，则仅悬浮其中较细的部分，而较粗的部分则作为推移质移动。在这种情况下，最好的方案是将泥沙分成多个粒径级别，每个级别包含一个较窄的粒径范围，并分别处理每个级别。实际应用中，也可以采用更简单的方法来选择代表整个样品的单一颗粒尺寸，比如中值粒径 d_{50}。

Ackers 和 White(1973)[17]发现，用床面沉积物的 d_{35} 来预测河流中的总泥沙输运率效果最好。

van Rijn(1984)[3]通过分选参数 $\sigma_s = 0.5(d_{84}/d_{50} + d_{50}/d_{16})$ 和运移参数 $T_s = (\tau_{0s} - \tau_{cr})/\tau_{cr}$ 关系，将悬浮颗粒直径中值 $d_{50,s}$ 与床面颗粒直径中值 $d_{50,b}$ 联系起来，即

$$d_{50,s}/d_{50,b} = 1 + 0.011(\sigma_s - 1)(T_s - 25) \quad (0 < T_s \leqslant 25) \tag{3-51}$$

$$d_{50,s}/d_{50,b}=1 \quad (T_s>25) \tag{3-52}$$

式(3-51)在 $(\sigma_s-1)<[0.011(25-T_s)]^{-1}$ 时才有效;否则它预测值 $d_{50,s}<0$。

Fredsøe 和 Deigaard(1992)[18] 在悬浮过程中排除了所有 $w_s>0.8u_*$ 的颗粒,并将其余颗粒的中位直径作为悬浮中的代表性颗粒尺寸。

3.4.2 沉降速度

泥沙颗粒在水中的沉降速度由它们的直径和密度及水的黏度决定。在泥沙粒径最细的范围($d=62\,\mu m$),颗粒根据 Stokes 黏性阻力定律沉降;在泥沙粒径最粗的区域($d=2\,mm$),它们服从钝体的二次阻力定律;在中间尺寸会经历黏性和钝体阻力的混合。对天然不规则沙粒的阻力比对球体的阻力更简单,因为棱角表面和颗粒之间形状的变化往往会导致更平缓的流动分离过程。因此,最好不要将沙粒视为球体进行此类计算。

有许多计算泥沙颗粒在静水中沉降速度 w_s 的公式,基本需要基于无量纲颗粒尺寸 D_* 来计算,即

$$D_*=\left[\frac{g(s-1)}{\nu^2}\right]^{1/3}d \tag{3-53}$$

式中　s ——泥沙颗粒相对重度。

(1) Hallermeier(1981)[19] 提出的天然沙沉速公式:

$$w_s=\frac{\nu D_*^3}{18d} \quad (D_*^3 \leqslant 39) \tag{3-54}$$

$$w_s=\nu\frac{D_*^{2.1}}{6d} \quad (39<D_*^3 \leqslant 10^4) \tag{3-55}$$

$$w_s=\frac{1.05\nu D_*^{1.5}}{d} \quad (10^4<D_*^3 \leqslant 3\times10^6) \tag{3-56}$$

(2) van Rijn(1984)[3] 提出的天然沙沉速公式:

$$w_s=\frac{\nu D_*^3}{18d} \quad (D_*^3 \leqslant 16.187) \tag{3-57}$$

$$w_s=\frac{10\nu}{d}[(1+0.01D_*^3)^{1/2}-1] \quad (16.187<D_*^3 \leqslant 16\,187) \tag{3-58}$$

$$w_s=\frac{1.1\nu D_*^{1.5}}{d} \quad (D_*^3>16\,187) \tag{3-59}$$

(3) Soulsby(1992)[1] 基于对不规则颗粒数据优化组合黏性加钝体阻力定律中的两个系数,推导出以下天然砂沉速公式(适用于所有 D_*):

$$w_s = \frac{\nu}{d} \big[(10.36^2 + 1.049 D_*^3)^{1/2} - 10.36 \big] \qquad (3-60)$$

Soulsby(1992)将上述几组公式给出的沉降速度预测值与包含天然沙和不规则形状的轻质颗粒沉降速度测量值的数据集进行了比较,表明式(3-60)给出了最好的预测结果,也是其中形式最为简单的。

在高浓度下,相邻沉降颗粒周围的流动相互扰动,从而产生比单独颗粒沉降时更大的阻力。这导致高浓度下的受阻沉降速度小于低浓度下的沉降速度。将类似的推理应用到式(3-60)中,在颗粒阻力公式(Wen 和 Yu,1966)中包括一个泥沙浓度影响因子 $(1-C)^{4.7}$,得出以下公式(适用于所有 D_*):

$$w_{sC} = \frac{\nu}{d} \big\{ [10.36^2 + 1.049(1-C)^{4.7} D_*^3]^{1/2} - 10.36 \big\} \qquad (3-61)$$

对于 $C \to 0$,式(3-61)可简化为式(3-60),并且与用于液化判断的方程式(3-17)相一致。

对于较小的 D_* 值,式(3-61)表示出比率 $w_{sC}/w_s = (1-C)^{4.7}$,而对于较大的 D_* 值,式(3-61)给出 $w_{sC}/w_s = (1-C)^{2.35}$。在实践中,仅当浓度 C 大于 $0.05\,\mathrm{kg/m^3}$ 时才需要考虑对沉降速度的影响,这通常只发生在床面的几毫米范围内,因为在低浓度时,w_s 和 w_{sC} 之间的差异一般小于 20%。

3.4.3　海流下的泥沙浓度

在悬沙水体中,颗粒向床面的沉降过程中被床面附近向上的紊动扩散所抵消,其平衡控制方程为

$$w_s C = -K_s \frac{\mathrm{d}C}{\mathrm{d}z} \qquad (3-62)$$

式中　w_s——泥沙颗粒的沉降速度;

　　　　C——高度为 z 处的泥沙体积浓度;

　　　　K_s——泥沙的紊动扩散率。

紊动扩散率取决于水流中的紊动和床面的高度。式(3-62)可以在一定的假设条件下解出悬浮泥沙浓度的垂直分布。对泥沙的紊动扩散率的不同假设导致了浓度曲线的不同表达。剖面的形状取决于比率:

$$b = \frac{w_s}{\kappa u_*} \qquad (3-63)$$

式中　b——Rouse 数或悬浮参数;

　　　　κ——冯卡门常数,取 0.40;

　　　　u_*——底摩阻流速。

请注意,沉积物从床面的挟带是由颗粒表面剪切力 $\tau_{0s}(=\rho u_{*s}^2)$ 主导的,而泥沙颗粒向水体的扩散是由总剪切应力 $\tau_0(=\rho u_*^2)$ 控制的,这是因为沙纹的形态阻力并不直接作用于在床面上的颗粒,但它产生的紊动主导着扩散过程。这种区别在层流条件下消失了,此时 $u_* = u_{*s}$。

(1) 如果假设紊动扩散率随着床面以上的高度线性增加($K_s = ku_* z$),相应的浓度曲线就是幂律曲线,即

$$C(z) = C_a \left(\frac{z}{z_a} \right)^{-b} \tag{3-64}$$

(2) 如果假设紊动扩散率随高度呈抛物线变化($K_s = ku_* z [1-(z/h)]$),则获得 Rouse 剖面,即

$$C(z) = C_a \left(\frac{z}{z_a} \cdot \frac{h-z_a}{h-z} \right)^{-b} \tag{3-65}$$

(3) 如果假设紊动扩散率在水体下半部的高度呈抛物线变化,而随着水体上半部的高度保持不变,则可得到 van Rijn(1984)剖面。van Rijn[3] 还通过引入指数 b 的修改形式,考虑了泥沙扩散和流体动量之间的差异及密度分层影响,即

$$C(z) = C_a \left(\frac{z}{z_a} \cdot \frac{h-z_a}{h-z} \right)^{-b} \quad \left(z_a < z \leqslant \frac{h}{2} \right) \tag{3-66}$$

$$C(z) = C_a \left(\frac{z_a}{h-z_a} \right)^{-b} \exp\left[-4b' \left(\frac{z}{h} - \frac{1}{2} \right) \right] \quad \left(\frac{h}{2} < z < h \right) \tag{3-67}$$

其中

$$b' = \frac{b}{B_1} + B_2 \tag{3-68}$$

$$B_1 \begin{cases} = 1 + 2 \left(\dfrac{w_s}{u_*} \right)^2 & (0.1 < w_s/u_* < 1) \\ = 2 & (w_s/u_* \geqslant 1) \end{cases} \tag{3-69}$$

$$B_2 \begin{cases} = 2.5 \left(\dfrac{w_s}{u_*} \right)^{0.8} \left(\dfrac{C_a}{0.65} \right)^{0.4} & \left(0.01 \leqslant \dfrac{w_s}{u_*} \leqslant 1 \right) \\ = 0 & (w_s > u_* \ \text{或} \ z_a > 0.1h) \end{cases} \tag{3-70}$$

式中　　z——海床上方的高度;

　　　　z_a——海床附近的参考高度;

　　$C(z)$——高度 z 处的沉积物浓度;

　　　　C_a——高度 z_a 处的参考浓度;

　　　　h——水深;

　　　　b——Rouse 数。

浓度可以表示为体积/体积或质量/体积,前提是 $C(z)$ 和 C_a 具有相同的单位。

Rouse 剖面是最广泛使用的剖面,尤其是在河流中。对于细颗粒和流速较大情况,泥沙浓度在整个水体中混合良好;而对于粗颗粒和流速较小情况,泥沙浓度主要分布在床面附近。Rouse 剖面不太适合在海洋中使用,因为抛物线型紊动扩散率在水体表面降低到零,从而导致水表面沉积物浓度为零的预测。这与实际情况不符,尤其是存在波浪的情况下。

幂律分布和 van Rijn 剖面在表面都具有非零扩散率,更加适合海洋环境。幂律分布形式具有相对优势,由于其具有简单的数学表达式,并且它的最大精度出现在泥沙浓度最大的水体下半部。van Rijn 剖面可能最符合实际数据,建议用于只有海流存在的情况。

在式(3-64)~式(3-70)中,需要给出参考浓度 C_a 和参考高度 z_a 来进行浓度垂向分布的预测。Garcia 和 Parker(1991)[20] 和 Soulsby(1997)[1] 基于大量试验数据的比较分析,推荐以下三种参考值的计算。

(1) Smith 和 McLean(1977)方法[21] 如下:

$$C_a = \frac{0.001\,56T_s}{1 + 0.002\,4T_s} \qquad (3-71)$$

对应参考高度:

$$z_a = \frac{26.3\tau_{cr}T_s}{\rho g(s-1)} + \frac{d_{50}}{12} \qquad (3-72)$$

其中,$T_s = (\tau_{0s} - \tau_{cr})/\tau_{cr}$。

(2) van Rijn(1984)方法[3] 如下:

$$C_a = \frac{0.015dT_s^{3/2}}{z_a D_*^{0.3}} \qquad (3-73)$$

对应参考高度 $z_a = \Delta_s/2$ 处。

(3) Zyserman 和 Fredsøe(1994)方法[22] 如下:

$$C_a = \frac{0.331(\theta_s - 0.045)^{1.75}}{1 + 0.720(\theta_s - 0.045)^{1.75}} \qquad (3-74)$$

对应参考高度 $z_a = 2d_{50}$。

式中　C_a——高度 z_a 处的体积浓度;

　　　τ_{0s}——表面摩擦剪切应力;

　　　τ_{cr}——起动临界剪切应力;

　　　d_{50}——中值粒径;

　　　g——重力加速度;

　　　ρ——水的密度;

　　　$s = \rho/\rho_s$,其中 ρ_s 为沉积物材料的密度;

θ_s——表面摩擦 Shields 参数；

Δ_s——沙纹高度。

3.4.4 波浪下的泥沙浓度

在波浪下,悬移质被限制在相对薄的波浪边界层(几毫米或几厘米)内。对于存在沙纹的海床表面,紊动扩散系数随高度恒定,泥沙浓度分布可由下式给出:

$$C_{(z)} = C_0 e^{-z/l} \tag{3-75}$$

式中 z——海床以上高度；

$C_{(z)}$——高度 z 处的泥沙浓度(体积/体积)；

C_0——海床($z=0$)处的参考浓度(体积/体积)；

l——衰减长度。

目前已有 l 和 C_0 的各种表达式,其中使用最广泛的是 Nielsen(1992)对沙纹床面的表达式[11]:

$$l = 0.075 \frac{U_W}{w_s} \Delta_r \quad \left(\frac{U_W}{w_s} < 18 \right) \tag{3-76}$$

$$l = 1.4 \Delta_r \quad \left(\frac{U_W}{w_s} \geqslant 18 \right) \tag{3-77}$$

$$C_0 = 0.005 \theta_r^3 \tag{3-78}$$

$$\theta_r = \frac{f_{wr} U_W^2}{2(s-1)gd(1 - \pi\Delta_r/\lambda_r)^2} \tag{3-79}$$

式中 U_W——波浪轨道速度幅度；

w_s——颗粒沉降速度；

Δ_r——沙波高度；

λ_r——沙波波长；

f_{wr}——粗底波浪摩擦系数, $f_{wr} = 0.00251\exp(5.21r^{-0.19})$, $r = \dfrac{U_W T}{5\pi d_{50}}$, d_{50} 为中值粒径,T 为波浪周期；

s——相对密度。

式(3-75)可以被下面的公式替代:

$$C_{(z)} = C_a \left(\frac{z}{z_a} \right)^{-b} \tag{3-80}$$

其中,b 的取值,根据实验值确定,对于满足 $0.4\text{ m/s} < U_W < 1.3\text{ m/s}$ 和 $5\text{ s} < T < 12\text{ s}$ 的波浪条件,当 $d_{50} = 0.13\text{ mm}$ 时,$b=1.7$;当 $d_{50} = 0.21\text{ mm}$ 时,$b=2.1$。对于 $z_a = 1\text{ cm}$, $d_{50} =$

0.21 mm,实验发现 U_W=0.5 m/s 时,取值 $C_a \approx 4 \times 10^{-4}$ 和 U_w=1.3 m/s 时,$C \approx 8 \times 10^{-3}$ 取值较为合理(Ribberink 和 Al-Salem,1991)。

基于上面的说明,使用式(3-80)时,可以采用理论值 $b=w_s/(ku_{*w})$,并用 Zyserman 和 Fredsøe 的方法[式(3-74)]计算得到的 C_a 和 z_a,同时用 θ_{ws} 代替 θ_s。

3.4.5　波流作用下的泥沙浓度

在波浪和海流的共同作用下,泥沙在波浪边界层内悬浮,并通过与海流紊动扩散进一步向上进入到主流中,这两个过程都受到波浪和海流边界层之间相互作用的影响。在这些条件下,泥沙浓度剖面可以用以下形式表示:

$$C_{(z)}=C_a \left(\frac{z}{z_a}\right)^{-b_{\max}} \qquad (z_a \leqslant z \leqslant z_w) \tag{3-81}$$

$$C_{(z)}=C_{(z_w)} \left(\frac{z}{z_w}\right)^{-b_m} \qquad (z_w < z \leqslant h) \tag{3-82}$$

$$b_{\max}=\frac{w_s}{\kappa u_{*\max}}, \ u_{*\max}=(\tau_{\max}/\rho)^{1/2} \tag{3-83}$$

$$b_m=\frac{w_s}{\kappa u_{*m}}, \ u_{*m}=(\tau_m/\rho)^{1/2} \tag{3-84}$$

$$z_w=\frac{u_{*\max}T}{2\pi} \tag{3-85}$$

式中　z_w——波浪边界层厚度;
　　$C_{(z_w)}$——高度 $z=z_w$ 处的泥沙浓度;
　　$\tau_{\max}$——波浪周期中的最大床面剪切应力;
　　τ_m——波浪周期中的平均床面剪切应力。

参考浓度 C_a 可以采用式(3-71)~式(3-74)中的任意公式来计算。比如,使用 Zyserman 和 Fredsøe(1994)[22]的表达式[式(3-74)]时,用 $\theta_{\max,s}$ 代替 θ_s,计算参考浓度 C_a。

3.4.6　泥沙浓度方程及输沙率

以上主要基于经验公式对泥沙浓度在水体中的垂向分布进行描述,其结果在很大程度上取决于使用的方法、做的假设、输入参数及环境条件等。在对实际应用进行预测时,也需要进行相关的敏感性分析。所以,计算悬移质浓度分布和输运率的最先进方法还是求解数值模型。

水体中的悬浮物随水流运动而产生物质输移,并在水体作用下形成一定浓度分布。一般情况下,悬浮物浓度是空间和时间的函数。在整个所研究的水流运动区域中,若一部分区域（或边界上）不断向区域内补充物质，则被称为源；而若另一部分区域不断吸收悬浮物，则被称为汇。如，对于水流中泥沙运动过程，当床面受到冲刷时为源，淤积时为汇。

在紊流水体中，悬浮的泥沙会随脉动水团的作用向四周扩散，称为紊动扩散。扩散的结果都是物质由浓度高处向浓度低处转移。物质在流体中的扩散是自然界中的一种普遍现象。由于紊动扩散引起的物质输移首先与浓度梯度有关，浓度梯度越大，扩散速度也越快；其次，还与水流的紊动强度有关，紊动强度越大，扩散速度也越快。

维持物质输运的力量除了前述扩散外，还有一种更重要的力量是对流，对流以更直接的方式将悬浮物从一地输运到另一地。不论悬浮物以何种方式被输运都应该满足质量守恒定律。据此，可以采用物质输运控制方程：

$$\frac{\partial C}{\partial t} + u\frac{\partial C}{\partial x} + v\frac{\partial C}{\partial y} + \omega\frac{\partial C}{\partial z} = \frac{\partial}{\partial x}\left(\nu_x\frac{\partial C}{\partial x}\right) + \frac{\partial}{\partial y}\left(\nu_y\frac{\partial C}{\partial y}\right) + \frac{\partial}{\partial z}\left(\nu_z\frac{\partial C}{\partial z}\right) \quad (3-86)$$

上述方程是描述物质在流体中输运过程的普适方程。悬移质泥沙在水流脉动水团作用下悬浮于水中。由于悬移质泥沙粒径一般较小，其分布规律基本可以用前述物质输运方程描述。与一般中性物质不同的是泥沙比水重，所以在垂向上即使没有水流对流作用，仅泥沙的下沉就会产生一种向下的对流速度，即上述控制方程用于描述泥沙输运时，垂向对流速度应该减去一个泥沙沉速。

在一般情况下，式(3-86)无法得到解析解。但在二元均匀流的简单情况下，可以得到很大简化。

若已知悬移质泥沙浓度和流速沿水深分布，则悬移质输沙率可以通过以下定义式计算：

$$g_s = \int_a^h Cu\,\mathrm{d}z \quad (3-87)$$

以上对于泥沙浓度控制方程的求解，通常需要结合流场控制方程的求解，这个需要参照相关的流体力学文献进行专门的研究和学习。

参 考 文 献

［1］ Soulsby R. Dynamics of marine sands: A manual for practical applications［M］. London: Thomas Telford, 1997.

［2］ Wen C Y, Hu Y H. Mechanics of fluidization［J］. Fluid Particle Technology, Chemical Engineering Progress Symposium Series II, 1966, 62(62): 100-111.

［3］ van Rijn L C. Sediment transport, part III: bed forms and alluvial roughness［J］. Journal of hydraulic engineering, 1984, 110(12): 1733-1754.

［4］ Soulsby R. The bottom boundary layer of Shelf seas［J］. Physical Oceanography of Coastal and Shelf seas, ed. B Johns, 1973: 189-266.

［5］ Komar P D, Miller M C. Sediment threshold under oscillatory water waves［J］. Journal Sedimentary

Petrology, 1973, 43: 1101 - 1110.

[6]　Soulsby R L, Whitehouse R J S W. Threshold of sediment motion in coastal environments [C]// Pacific Coasts and Ports'97. Proceedings: Christchurch, New Zealand, 1997: 149 - 154.

[7]　Meyer-Peter E, Müller R. Formulas for bed-load transport [C]. Rep. 2nd Meet. Int. Assoc. Hydraulics Struture Research. Stokholm, Sweeden, 1948: 39 - 62.

[8]　Bagnold R A. Mechanics of Marine Sedimentation. In, the Sea, Ideas and observations, Vol 3, Hill M.N., 507 - 528. Wiley Interscience, New York.

[9]　Yalin M S. Geometrical properties of sand waves[J]. J. Hydraul. Div. Proc. ASCE, 90(HY5): 105 - 119.

[10]　Madsen O S. Mechanics of cohesionless sediment transport in coastal waters, in Coastal Sediments '91, eds N.C. Kraus, K.J. Gingerich and D.L. Kriebel, 1991, pp.15 - 27. ASCE, New York.

[11]　Nielsen P. Coastal bottom boundary layers and sediment transport. World Scientific Publishing, Singapore, Advanced Series on Ocean Engineering, 1992, vol.4.

[12]　Madsen O S, Grant W D. Sediment transport in the coastal environment[R]. 1976. Report 209, M. I. T. Ralph M. Parsons Lab.

[13]　Sleath J F A. Measurements of bed load in oscillatory flow[J]. J. Waterw. Port Coastal Ocean Eng. Div., Proc. ASCE, 1978, 104(WW3): 291 - 307.

[14]　Sleath J F A. The suspension of sand by waves. 1982, J. Hydr.Res. 20, 439 - 52.

[15]　Bijker E W. 1967. Some considerations about scales for coastal models with moveable bed. Publ. 50. Delft Hydraulics Lab.

[16]　Soulsby R L. 1990. Tidal-current boundary layers, in The Sea, vol. 9B. Ocean Engineering Science, eds B. LeMehaut, D.M. Hanes, Wiley, New York.

[17]　Ackers P, White W R. Sediment transport: a new approach and analysis. Proc. ASCE, 1973, 99 (HY11), 2041 - 2060.

[18]　Fredsøe J, Deigaard R. Mechanics of Coastal Sediment Transport. World Scientific Publishing, Advanced Series on Ocean Engineering, vol.3.

[19]　Hallermeier R J. Terminal settling velocity of commonly occurring sand grains[J]. Sedimentology, 1981, 28: 859 - 865.

[20]　Garcia M, Parker G. Entrainment of bed sediment into suspension[J]. Journal of Hydraulic Engineering, 1991, 117(4): 414 - 435.

[21]　Smith J D, McLean S R. Spatially averaged flow over a wavy surface[J]. Journal of Geophysical Research, 1977, 82(12): 1735 - 1946.

[22]　Zyserman J A, Fredsøe J. Data analysis of bed concentration of sediment[J]. Journal of Hydraulic Engineering, 1994, 120(9): 1021 - 1042.

第 4 章

海底沙波的实验室模拟

实验室模拟研究通过在试验水槽中的沙床上施加水流作用或波浪作用并记录沙床的发展演变,从而可以直观地研究沙波形成、发展和迁移规律与水动力和泥沙因素的关系,是海底沙波研究的重要手段。目前对于海底沙波开展的实验室模拟基本是基于二维水槽开展的,即假设海底沙波的波峰线走向垂直于水动力作用的主方向,来研究海底沙波特征尺度和运动规律[1-3]。前人对于沙波地形的物理模型试验大多以单向流作用为主要条件,即模拟河道中沙波的形成和演化问题[4]。对于海洋环境中的沙波,其形成的水动力条件以波浪和潮流及两者的联合作用为主,因此本章将重点介绍实验室条件下波浪、潮流及波流联合作用下的海底沙波形成和运移的模拟。

4.1 波浪作用下的海底沙波运动

4.1.1 沙波发展及流动结构

1) 海底沙波发展过程

波浪作用下的沙波实验观测结果表明:波浪作用在初始平坦的海床之上,在波浪的持续作用下,床面起动的泥沙颗粒逐渐增多,最开始床面首先生成一些波高和波长较小的地形状态,即通常所说的沙纹地貌。随着沙纹的逐渐增多和生长,小尺度地形逐渐融合变化,组成特征尺度更大的底形,也就是沙波地貌。随着时间的推移,沙波地貌的波高逐渐增大,在波浪作用时间足够长之后,海床地形基本趋于动态稳定。在波浪水槽中的沙波实验模拟,对于单纯波浪和波流组合条件下,都几乎存在大尺度沙波和小尺度沙纹共存的情况。

为了便于对海床地貌的分析研究,可以通过对实测床面数据拟合得到大尺度沙波地形的特征参数,包括波长、波高及生长速度等;并可进一步将小尺度的沙纹进行分离,基于快速傅里叶分析等手段,将小尺度沙纹的特征参数分析得到。

对不同波高参数的波浪作用下沙波发展过程进行分析,如图 4-1 所示。如图 4-1a 为沙波的特征波高随时间的发展过程。在波浪作用开始阶段,沙波波高的发展速度相对较快,而随着时间的推移逐渐减缓并趋于稳定,达到一种动态平衡的状态,这与海底工程局部冲刷的发展过程非常类似。图 4-1b 则对波高生长的速度进行了定量分析,在开始阶段沙波的增长速度在 $1 \sim 2 \, \text{cm/h}$,而在 4 h 之后,波的增长速度几乎为零。

图 4-2 进一步对沙波的特征尺度,包括特征波高(h_s)和特征波长(l_s)随控制因素的变化进行分析。图 4-2a 为相对波高(H/d)对特征尺度的影响。从图中可见,随着相对波高的增加,特征波高(h_s/D)逐渐呈减小的趋势,这主要是由于随着波高的增加,在海床表面附近的流速也逐渐增大,使沙波坡顶泥沙颗粒的输移量大于沉降量,因而沙波波高有

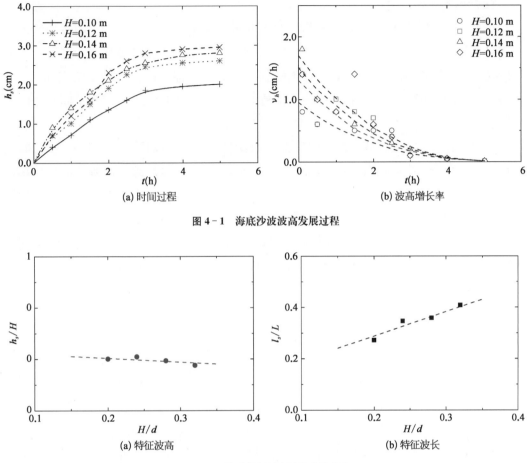

图 4-1　海底沙波波高发展过程

图 4-2　沙波特征尺度随波高的变化

削减的趋势。特征波长(l_s/L)则随着相对波高的增加呈增加的趋势,这与波浪作用下泥沙颗粒在水平方向的运动轨迹有关。根据前人沙波稳定性分析理论,沙波的波长尺度由海床附近垂向稳定环流结构所决定。随着波高的增加,波浪水质点的床面附近流速相应增大,其在床面附近形成的垂向稳定环流结构尺度也相应增加,因此形成了波长较大的沙波地貌。

　　Cataño-Lopera 和 Garcia(2006)在实验中也发现:在多数实验条件下,平床上的沙纹结构持续时间为 2~3 h[2]。渐渐地,平床上的沙纹汇合,床层开始变形,波峰和波谷开始出现,它们之间的距离几乎是有规律的,并逐渐形成了明显的波峰和波谷。沙波的垂直增长率随着时间的推移而降低,直至达到准稳态条件。最终沙波达到平衡阶段,没有显著的垂直增长。在沙波稳定之后,沙波的演化主要表现为沿波浪传播方向的迁移。

　　当沙波高度与平均水深比值达到一定值时,可以观察到海床底部开始影响自由表面,这反过来会影响波面变化,使波陡增大,有时甚至会发生波浪破碎,就像在真实海滩下的情况一样。

2) 沙波海床泥沙输运机理

在波谷和波峰之间会形成三维沙纹，通常更靠近波峰。正确描述沙纹图案的地形很重要（无论是二维还是三维），因为它决定了流场作用于床面上的净剪切应力。无论泥沙是以推移质或悬移质的形式运输的，床面粗糙度由表面摩擦和形状阻力（取决于床型）组成，表征沙波不同区域的床面粗糙度的变化是由叠加的沙纹的大小、形状和空间分布的变化引起的。

通常具有三维沙纹区域的沙波的摩擦系数比具有二维沙纹区域的沙波平均更高，这种情况发生在单向流下三维沙丘上的紊流上。此外，具有三维沙纹的区域与二维沙纹的区域相比将受到较弱的紊流，其主要产生机制可能是与环流单元相关的余流，在半波周期内，三维沙纹的雷诺应力比二维沙纹的雷诺应力小。

通常观察到的沙波类型是不对称的（床型特征是迎水坡比背水坡更缓且更长）。在单纯波浪的情况下，沙波形态将更加对称，不对称的原因主要是表面波浪固有的非对称形状而形成的余流。在混合流的情况下，由于叠加海流的增加，非对称模式更加明显。这类非线性床型在沿海环境中很常见。

泥沙输送可分为三种类型：第一种是由于表面摩擦产生的推移质（沙粒在床层上方滚动）；第二种是近床的悬移质；第三种运输方式是离开床层的悬移质。前两种机制是河床净迁移的主要原因。无论是在实验室还是在现场，它们都是由于非对称流造成的，现场的沙纹是不对称的，向岸一侧的沙纹比离岸一侧的更陡峭，这是由于最大向岸流速大于最大向海流速，因此，在向岸和离岸的往复运动中泥沙输运是不对称的，这解释了沙纹向陆上迁移的事实，尽管净悬移质运输是离岸的，但泥沙的净输运量取决于悬浮物和推移质及近床悬浮泥沙成分的相对大小。

实验中观察到床面形态包括大尺度的沙波及其上叠加的更小尺度的沙纹，为了更好地描述作用于整个流场的水动力过程，通常需要将沙纹和沙波的影响分开研究，本节将重点分析大尺度沙波的相关问题。

4.1.2 沙波特征尺度预测

测量的沙波特征根据无量纲参数进行参数化，如迁移率因子 ψ、希尔兹数 θ 和雷诺数 R_{ew}（$R_{ew}=aU_m/\nu$，a 为水质点的波轨直径，U_m 为水质点的波轨速度）。基于研究经验表明，利用雷诺数可以得到离散度较小的相关系数。无量纲的沙波高度、沙波长度和沙波陡度随 R_{ew} 的函数（图 4-3～图 4-5）[2]为

$$h_{sw}/a = 175.76 R_{ew}^{-0.54}, \ \rho^2 = 0.34 \tag{4-1}$$

$$l_{sw}/a = 10\,024 R_{ew}^{-0.56}, \ \rho^2 = 0.65 \tag{4-2}$$

$$\sigma_{sw} = 0.02 \tag{4-3}$$

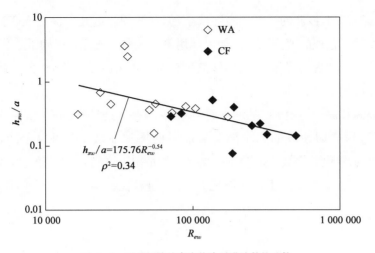

图 4-3　无量纲沙波高度作为雷诺波数的函数

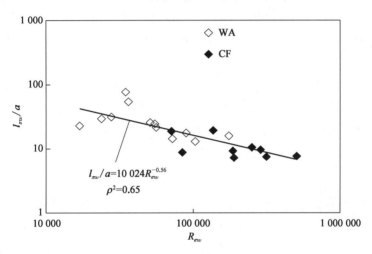

图 4-4　无量纲沙波长度作为雷诺波数的函数

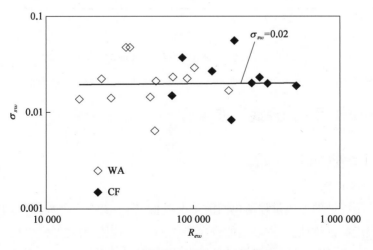

图 4-5　无量纲沙波陡度作为雷诺数的函数

随着 R_{ew} 的增加,沙波的长度和高度减小,但沙波的陡度几乎保持不变。这表明无量纲高度和长度都以相似的速率衰减。如果使用希尔兹数 θ 或迁移率因子 ψ 代替 R_{ew},趋势也一致。基于实验和现场观测,较大的沙波比较小的沙波迁移得慢,而沙纹的移动速度可达沙波移动速度的十倍。

无量纲波高和波长均随 R_{ew} 的增加而衰减,这与基于迁移率因子 ψ 或希尔兹数 θ 时的变化趋势一致,这表明沙波的大小随着波能量的增加而减小。可以预测,沙波在达到 Shields 参数的临界值后会被冲走。在沙纹存在的情况下,约为临界值的 0.8 倍。

将无量纲沙波长度 l_{sw}/gTw^2 与波陡 L_w/H_w 进行比较,将得到一个单调递减的趋势:

$$\frac{l_{sw}}{L_w} = 0.016\left(\frac{L_w}{H_w}\right)^{1.17} \tag{4-4}$$

如图 4-6 所示,该趋势对于单独波浪和波流组合的情况都适用,但仍需要更多的实验或观测数据深入论证。如果得到充分的论证,该公式的提出将具有重要的实际意义,在浅水到有限水深情况下,只需要获得波浪周期、波长和波高三个参数即可计算得到沙波的波长。

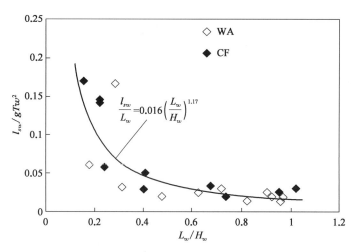

图 4-6 无量纲沙波长度作为无量纲波长的函数

4.2 潮流作用下的海底沙波运动

4.2.1 沙波发展及控制因素

1) 沙波发展过程

潮流作用下沙波的形成过程与单向流工况类似,在水流作用下局部扰动首先形成,逐渐发展为小尺度的沙纹地貌,在潮流的进一步作用下,小规模的地形发生尺度的增长与不同沙波之间的融合,形成较大规模的沙波地貌,并维持该水流条件下的平衡状态。此时的地形同样主要由大尺度的沙波组成,几乎不存在沙纹。

在水深相同的情况下,与轻质沙相比,天然沙地形发展更快,会在较短时间内出现较大尺度沙波,但轻质沙地形发展较为均匀,沙床各处沙波形态及尺度差别较小。两者的平衡状态地形相比,轻质沙地形沙波尺度明显不及天然沙地形,泥沙参数对沙波的形成有较大影响。

图 4-7 展示了初始床型均为平床,同为相同水深和流速的单向流和潮流沙波波高和波长发展过程。与相同流速的单向流作用下的地形发展过程相比,潮流工况地形发展较慢。无论是沙纹地形的形成还是沙波尺度的进一步发展,潮流工况都比同流速的单向流工况需要更多时间。同时,在沙波形成过程中和平衡状态下,潮流工况的起伏地形对称性明显好于单向流工况,而最终的地形尺度不及单向流。

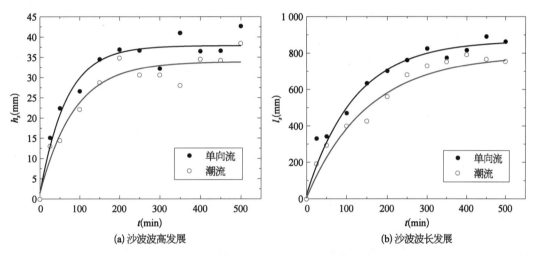

(a) 沙波波高发展　　　　　　　　　　(b) 沙波波长发展

图 4-7　相同水深、流速下单向流与潮流工况地形发展过程对比

对于沙波的形成机制,可以分为两个阶段来解释:第一阶段为最初形成阶段,即小尺度沙纹开始出现的阶段;第二阶段为沙波的进一步发展阶段,即地形起伏增大直至达到动态平衡的过程。

对于沙波形成的第一阶段,赵连白等[5]认为是泥沙床面粗糙程度各向异性与水流紊动作用的综合结果。当平坦床面上的水流流速达到泥沙的起动流速时,由于泥沙颗粒在表层的暴露程度不同且具有各向异性,水流施加在各个泥沙颗粒的作用力不尽相同,导致部分水流作用力大于床面阻力的泥沙颗粒开始沿床面运动。在此部分运动泥沙颗粒的影响下,沙床表面扰动加剧,越来越多的泥沙颗粒开始起动。在沙床表面水流紊动不均匀的影响下,部分紊动作用较强的区域会出现更多泥沙颗粒的起动而使床面略微降低,而紊动作用较弱的区域会使泥沙颗粒沉积下来,使此部分区域沙床表面略高于周围区域。在此种条件下,床面会出现许多微小的起伏,造成沙床表面的局部扰动。局部扰动的存在又反过来影响水流的结构,使水流紊动作用加剧,对泥沙颗粒的影响进一步增强。两者相互作用、相互影响,使局部扰动发展加快,地形起伏越来越多、形状越来越明显,逐渐形成小尺度沙纹地形。

在第一阶段的基础上,地形起伏程度进一步发展,开始沙波形成的第二阶段。在恒定的单向流作用下,较多的泥沙颗粒从起伏地形的波谷周围沿迎流面向波峰处滚动或跃移,导致迎流面的冲刷。泥沙颗粒在越过波峰后,由于水流作用的突然减弱,在背流面以较慢的速度向波谷运动沉积。随着水流的持续作用,迎流面泥沙不断向上输移,并在后方沉积,造成起伏波高的增大及水平长度的增加。在这一过程中,发展较快的沙波尺度达到一定程度后,由于波峰较高,所在深度流速较大,较强的水流作用使波峰处泥沙以悬移质形式向下游输移,不再发生沉积,沙波高度不再继续增加,此时的沙波可能会发生分离并逐渐重塑为两个新的沙波形态。同时,较小尺度的沙波在发展过程中会互相融合,成为较大的沙波形态。沙波地形发展到一定时间后,沙波地形平均尺度不再增加,沙波在分离、发展、融合中不断演化,并发生运移,达到一种动态平衡状态。在其他条件相同的情况下,流速越大,沙波前期发展速度越快,沙波地形达到动态平衡所需的时间越短。

2) 主要控制参数

基于量纲分析理论,在潮流工况和波流联合作用工况下,海底沙波形成和演化研究中主要利用的无量纲控制参量为无量纲底面剪切应力(T_s)、弗劳德数(Fr)、无量纲水流往复周期(T^*)。实际海洋环境水深较大,导致 Fr 数值过小,以 Fr 研究海底沙波规律容易引起较大的误差。van Rijn[6] 及 Venditti[7] 均认为 T_s 是影响沙波形成和发展的主要因素,并利用 T_s 进行了经验公式拟合,得到了较好的结果。因此,本节利用 T_s 和 T^* 作为主要无量纲参数进行沙波尺度分析和经验公式拟合。表示沙波特征尺度的数据利用水深进行无量纲化处理,即沙波相对波高(h_s/d)和相对波长(l_s/d)。各无量纲参数表达式为

$$T_s = \frac{\tau - \tau_{cr}}{\tau_{cr}} \tag{4-5}$$

$$Fr = \frac{U_c}{\sqrt{gd}} \tag{4-6}$$

$$T^* = \frac{U_c T_c}{d} \tag{4-7}$$

式中　τ ——水流作用或波流联合作用下的底面剪切应力;

　　τ_{cr} ——相应工况的临界底面剪切应力;

　　g ——重力加速度,取 9.81 m/s²。

海底沙波物理模型试验是与泥沙输运问题相关的试验,需要保持泥沙本身的动力特性,同时也需要将试验和实际海洋环境统一。通常保证模型和原型之间的无因次底面剪切应力(θ)相同,且无量纲水流往复周期 T^* 也与原型在一个数值范围内。

$$\theta = \frac{\tau}{(\rho_s - \rho)gD_{50}} \qquad (4-8)$$

式中　ρ_s——泥沙颗粒密度；

　　　ρ——水的密度。

在某一工况特定的水流条件下,沙波地形最终的平衡状态与此水流条件相适应,沙波平衡尺度具有相应的统计特征。若改变现有水力条件,则沙波地形平衡状态下的特征尺度也会随之改变。通常实验中主要改变泥沙颗粒中值粒径(D_{50})和比重(γ_s)、水深(d)、水流流速(U_c)、水流往复周期(T_c)来研究各控制参数对潮流特征尺度的影响,并利用相关无量纲参数提出预测沙波特征波高和特征波长的经验公式。

4.2.2　沙波特征尺度影响因素

1)水深影响

在潮流流速和周期相同时,沙波特征尺度随水深的增大而增大。此规律与前人在单向流条件下对沙波的研究中得出的结论一致。蔺爱军等[8]在文献中对 2017 年之前提出的众多沙波尺度与水深关系(包括水槽试验数据,河流、河口及海洋潮流环境数据)进行了总结,发现大部分关系式中,一定范围内沙波波高和波长与水深成正比,但比例系数因试验环境或沙波所在区域的不同而有所改变(图 4-8)。沙波尺度与水深的这一关系可以支持本节中对于沙波特征尺度的无量纲化方法,即采用沙波特征波高和特征波长与水深的比值作为相对波高(h_s/d)和相对波长(l_s/d),以统一试验数据和自然环境数据。

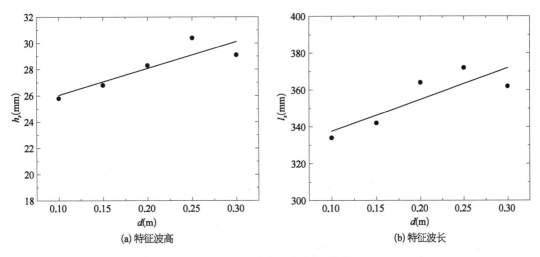

(a) 特征波高　　　　　　　　　　　(b) 特征波长

图 4-8　沙波特征尺度随水深变化

一般而言,在同一区域的海底,沙波最大波高不会超过水深的 0.4 倍,而在不同区域的海底,沙波的大小不会仅随着水深的增大而增大。因此,水深是海底沙波发育的前提条件,但不是控制沙波增长的主要因素,需要从其他水力因素或泥沙因素中寻找更准确的规律。

2) 潮流速度影响

从图 4-9 可以看出,在水深和往复周期相同时,随着流速的增大,轻质沙沙波特征波高先增大后减小,在约 0.24 m/s 时达到最大值,呈抛物线形态,而沙波特征波长在试验流速范围内一直增大。图 4-10 中天然沙工况的沙波特征波高及特征波长均随流速的增大而增大,初步分析为此时的流速尚未达到使沙波波高削减的程度。

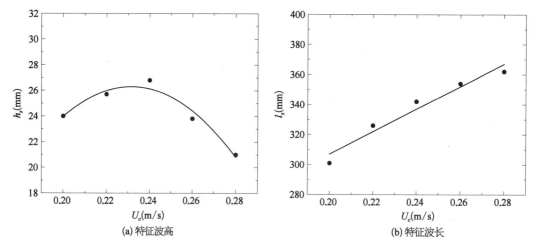

图 4-9 轻质沙沙波特征尺度随流速变化

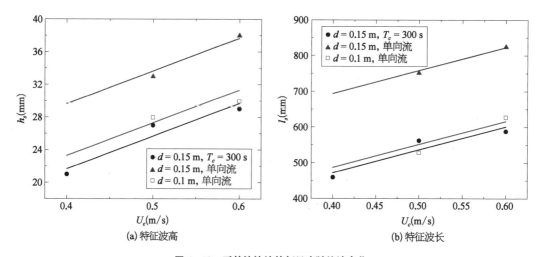

图 4-10 天然沙沙波特征尺度随流速变化

沙波波高在发展阶段的不断增加是因为泥沙在水流的作用下从起伏地形的波谷周围沿迎流面向上被搬运到波峰,然后在背流面沉积,使沙波波峰与波谷之间的高度差越来越大,造成沙波的生长。在更大的水流流速下,泥沙颗粒可以被水流进一步增大的作用力运移到更高处,且更多的泥沙颗粒由于水流作用从波谷处向上运动,使沙波波高进一步增大。但流速增大到一定程度后,波峰的泥沙颗粒在强大的水流作用冲击下,不再沿背流面向波谷沉积,而是以悬移质的形式被水流带向较远处,导致沙波波高生长的限制。这种作用可以称为强水流对沙波的"削峰作用",因此沙波波高随流速的增加呈先增大后减小的关系,某一流速下沙波波高会出现一个极值,随后逐渐减小并趋于消亡。

对于沙波波长,随着流速的增大,更多泥沙颗粒被带离波谷,且输移速度加快,在水流作用下移动的距离更远,沙波可以形成较长的迎流坡面,使沙波波长增大。

3) 往复周期影响

在水深和流速相同时,随着潮流周期的增大,沙波特征波高和特征波长不断增大,且增长速度越来越慢,不断趋近于单向流工况的沙波特征尺度,如图 4-11 所示。与单向流相比,潮流周期对沙波特征波长的影响较大,对特征波高影响较小。

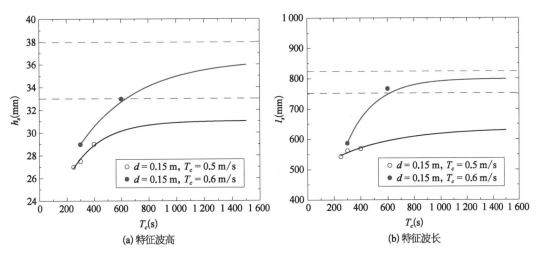

(a) 特征波高　　　　　　　　　　　　　(b) 特征波长

图 4-11　天然沙沙波特征尺度随往复周期变化

在沙波发展过程中,波峰处的泥沙运行速度较快,而波谷处较慢。单向流作用下,波峰与波谷均向同一侧发展,且波峰运行速度快,于是随着发展时间的增加,沙波波长越来越大,长而缓的迎流坡和短而陡的背流坡形态越来越明显,直至地形达到平衡状态。而在潮流作用下,迎流坡发展一小段时间后,水流流向改变,沙波开始向反方向发展且波峰运行速度比波谷快,导致前一段时间在背流坡沉积的泥沙在较长的迎流坡沉积,使沙波整体波长并没有明显的发展。后续的沙波在水流往复作用下重复此过程,造成沙波波长由于单向发展时间的限制而达不到单向流充分发展下的尺度。随潮流周期的增大,供沙波单向发展的时间增大,使沙波特征波长逐渐趋近于同流速下单向流的尺度。

对于沙波特征波高的规律,初步分析是由于沙波陡度的限制,沙波特征波长减小的同时也会对特征波高的发展造成一定限制,形成了沙波特征波高与特征波长类似的发展规律。

4.2.3 沙波特征尺度预测

为使水槽试验数据和真实海洋环境数据统一起来,使经验公式可以用于计算实际海况下的海底沙波特征尺度,有必要利用无量纲参数进行公式的拟合。因此,需要选取能够对沙波形成、发展和平衡时的特征尺度产生重要影响,或对沙波的形成具有决定性作用的无量纲参数来进行经验公式的拟合。

国内外海底沙波文献综述中多数研究者认为海床上的推移质泥沙输移受流体底部剪切应力与底床抗剪应力之间的物理平衡条件控制,且后者受前者控制[9]。同时,由于海底沙波为推移质集体输移形成,因此从底部剪切应力的角度来分析海底沙波的形成和发展机制最为合理。河流沙波的平衡域谱分析结果也表明,河床底面剪切应力是沙波形成和运移的控制因素。Soulsby[10]在《海底泥沙运动力学手册》中阐明,波浪、潮流对海底泥沙运动的影响主要是通过施加底面剪切应力实现的,书中海底沙波部分也围绕底面剪切应力对沙波的形成及形态、尺度特征进行说明。

本节参考 van Rijn[6] 对沙波尺度的分析方法,采用无量纲底面剪切应力 T_s 作为基本变量,其中包含水动力因素和泥沙因素的影响,同时考虑潮流的无量纲往复周期 $T^* = U_c T_c / d$,通过对试验数据的拟合处理得到沙波特征尺度经验公式。在潮流和单向流作用条件中,T_s 表达式如下:

$$T_s = \frac{\tau_c - \tau_{cr}}{\tau_{cr}} \tag{4-9}$$

式中 τ_c ——仅水流作用下海床底面剪切应力;

  τ_{cr} ——临界底面剪切应力。

此处采用 Soulsby 和 Whitehouse[11] 的改进临界希尔兹参数 θ_{cr} 计算公式来计算临界底面剪切应力:

$$\tau_{cr} = \theta_{cr} g (\rho_s - \rho) D_{50} \tag{4-10}$$

$$\theta_{cr} = \frac{0.3}{1 + 1.2 D_*} + 0.055 [1 - \exp(-0.02 D_*)] \tag{4-11}$$

$$D_* = \left[\frac{g(\gamma_s - 1)}{\nu^2} \right]^{1/3} D_{50} \tag{4-12}$$

式中 ρ_s ——泥沙颗粒密度;

  ρ ——水的密度;

  D_* ——无量纲泥沙参数;

  ν ——水的运动黏滞系数,此处取 1.0×10^{-6} m²/s。

根据二次摩擦定律,水流产生的底面剪切应力可通过拖曳力系数 C_D 与深度平均流速 U_c 得到

$$\tau_c = \rho C_D U_c^2 \tag{4-13}$$

通常,假设对数速度剖面在整个水深都成立。在此种情况下,拖曳力系数 C_D 采用下式计算:

$$C_D = \left[\frac{0.4}{1 + \ln(z_0/d)}\right]^2 \qquad (4-14)$$

$$z_0 = \frac{D_{50}}{12} \qquad (4-15)$$

式中　z_0——床面粗糙度。

利用水流引起的床面剪切应力 τ_c 及临界剪切应力 τ_{cr} 计算无量纲底面剪切应力 T_s,并对 T_s 与沙波相对波高 (h_s/d) 和相对波长 (l_s/d) 之间的相关关系进行研究。在其他条件相同时,随潮流往复周期增大,沙波特征波高不断增大,并最终趋近于相同水深和流速下的单向流工况沙波特征尺度。在此规律基础上,利用潮流和单向流工况试验数据绘制沙波相对波高和相对波长关于无量纲水流往复周期 T^* 的关系图,如图 4-12 所示。

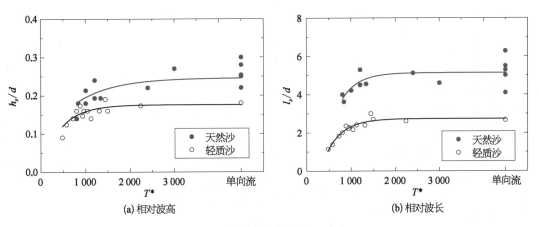

(a) 相对波高　　　　　　(b) 相对波长

图 4-12　沙波相对尺度随 T^* 变化

综合以上试验结果可以认为,潮流作用相比于单向流作用下的沙波特征尺度进行削减,因此对于潮流作用下的沙波特征尺度经验公式的拟合,可首先确定单向流作用下的沙波特征尺度,在此基础上进行潮流作用折减系数的确定,两者结合得到潮流作用下的沙波特征尺度。下面对沙波相对波高和相对波长经验公式分别进行确定。

1) 特征波高

Soulsby[11] 在综合对比前人得出的单向流作用下沙波特征尺度经验公式后,认为 van Rijn[6] 的沙波相对波高计算公式可靠性最强,因为其根据最大的数据集进行了校准,其中包括水槽试验的数据及自然环境下的沙波数据。Venditti 等[7] 在对河流沙波的研究中也利用大量实测数据进行了沙波特征尺度拟合,得到了沙波相对尺度经验公式。两篇文献的沙波相对波高公式分别为

$$\frac{h_s}{d}=0.11\left(\frac{D_{50}}{d}\right)^{0.3}(1-\mathrm{e}^{-0.5T_s})(25-T_s) \qquad (4-16)$$

$$\lg\frac{h_s}{d}=-0.397[\log(T_s+1)-1.14]^2-0.503 \qquad (4-17)$$

两个公式均利用无量纲底面剪切应力 T_s 作为影响沙波特征波高的主要变量。经对比,式(4-16)与当前试验中单向流作用下的沙波特征尺度数据较为吻合,因此采用式(4-17)作为经验公式单向流部分的表达式。对于潮流工况关于 T^* 的折减系数的确定,根据图4-12a中的潮流作用试验数据拟合曲线,确定为 $(1-0.999\,2^{T^*})$ 。

在单向流情况下,无量纲水流往复周期 T^* 可视为趋于无穷大,折减系数 $(1-0.999\,2^{T^*})$ 趋于1,符合图4-12中的结论。潮流或单向流作用下平衡地形的沙波相对波高关于 T_s 和 T^* 的经验公式如下:

$$\frac{h_s}{d}=0.11\left(\frac{D_{50}}{d}\right)^{0.3}(1-\mathrm{e}^{-0.5T_s})(25-T_s)(1-0.999\,2^{T^*}) \qquad (4-18)$$

其中包含了泥沙参数、流速、水深和水流往复周期对沙波特征尺度的影响。

2) 特征波长

在较早的研究中,绝大部分研究者认为沙波波长只与水深有关。Solusby[11]在《海底泥沙运动力学手册》中也认同 van Rijn[6] 的沙波波长公式,即波长与水深成正比,如式(4-19)所示。Venditti[7]在文献中指出,河流中沙波的平衡尺度是无量纲底面剪切应力的函数,而不是像传统假设的与水深有关,尽管沙波确实随着河流规模的增大而变大。其后,Venditti[7]给出了与式(4-17)配套的单向流沙波相对波长经验公式[式(4-20)]。

$$l_s=7.3d \qquad (4-19)$$

$$\lg\frac{l_s}{d}=0.098[\lg(T_s+1)-1.09]^2+0.791 \qquad (4-20)$$

本试验的结果已经证明,沙波特征波长不仅与水深有关,还有其他影响因素,如泥沙参数、流速、水流往复周期。同时,本试验中单向流作用工况的数据也较为符合式(4-20)的预测结果,因此选用式(4-20)作为沙波相对波长经验公式单向流部分的表达式。对于潮流工况特征波长关于 T^* 的折减系数的确定,根据图4-12b中的潮流作用试验数据拟合曲线,确定为 $(1-0.999\,6^{T^*})$ 。

波长折减系数 $(1-0.999\,6^{T^*})$ 在 T^* 趋于无穷时也趋于1,符合图4-12中的结论。潮流或单向流作用下平衡地形的沙波相对波长关于 T_s 和 T^* 的经验公式如下:

$$\frac{l_s}{d}=10^{0.098[\lg(T_s+1)-1.09]^2+0.791}(1-0.999\,6^{T^*}) \qquad (4-21)$$

4.2.4　沙波形态特征

对于沙波形态的分析主要分两个方面：一是沙波的对称性，主要从单向流和潮流两者的形态差异出发；二是沙波波高和波长的比值关系，即沙波陡度。

图 4-13 所示为单向流作用下地形发展前期和后期的沙波形态特征，图 4-14 所示为潮流作用下两个发展时期的沙波形态，两者在对称性方面形成鲜明对比。在单向流作用下，小尺度沙纹地形刚开始进一步发展为沙波地形时，地形起伏的不对称性便已经开始凸显出来。水流作用使泥沙颗粒不断从波谷处沿迎流面或滚动或跳跃向波峰处运动。由于水深受床面形式的影响，迎流面的流速较高，背流面一侧的流速较低。泥沙在较高的流速下沿迎流面运动，经过波峰后，由于流速的突然降低，泥沙颗粒在背流面发生沉积，形成长而平缓的迎流斜坡和短而陡的背流斜坡。赵连白[5]认为在沙波向同一方向发展过程中，波峰沿水流方向移动的速度比波峰前方的波谷快，相同时间内波峰和波谷移动的距离不同，造成沙波迎流面长度与背流面长度差距越来越大，沙波的不对称性也越来越明显。

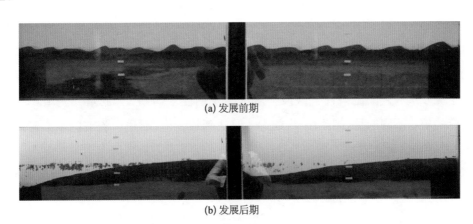

(a) 发展前期

(b) 发展后期

图 4-13　单向流作用下的沙波形态

从图 4-14 可以看出，潮流作用下形成的海床地形无论在发展前期还是后期，沙波都基本接近于对称状态，波峰两侧斜坡角度相当，不会出现波峰一侧坡面较缓而另一侧较陡的形态。分析认为，由于水流的往复作用，泥沙颗粒的输运呈周期性往复，水流换向时，迎流面与背流面互换，前一段时间沉积在背流坡的泥沙在反向水流的作用下被冲刷，越过波峰后继续沉积。一个水流周期内，地形隆起的两侧的输运和堆积基本接近，经过长时间的循环发展，形成比较对称的沙波形态。

对于沙波形态特征与水力条件之间的关系，较多研究者已经进行了相关统计分析。20 世纪 80 年代末，Flemming[12]统计分析了世界各地的 1 491 个沙波，认为海底沙波的波高和波长具有明显的正相关关系，一定范围内沙波波高随波长的增大而增大。van Rijn[6]对多个单向流水槽试验沙波及自然环境下的沙波陡度进行了分析，结果表明单向流条件

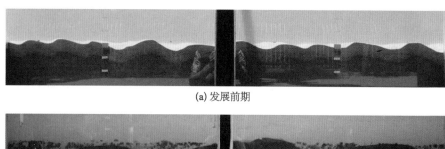

(a) 发展前期

(b) 发展后期

图 4 - 14　潮流作用下的沙波形态

下的沙波陡度随无量纲底面剪切应力的增大先增大后减小,这一趋势可以利用如下公式
进行描述

$$\frac{\Delta}{\lambda}\left(\frac{D_{50}}{d}\right)^{-0.3}=0.015(1-\mathrm{e}^{-0.5T})(25-T) \tag{4-22}$$

对试验中潮流条件下的沙波及实际的海底沙波数据进行了统计分析,描述了沙波陡
度与无量纲底面剪切应力 T_s 的关系,如图 4 - 15 所示。图中,波陡表达式为 $D_* h_s/l_s$,其
中考虑了泥沙参数。潮流条件下沙波陡度随无量纲往复周期 T_s 的增大先增大后减小。
与单向流的规律不同的是,潮流在 T_s 约为 3 时达到最大值,而单向流波陡最大时的 T_s 值
约为 5。沙波波陡随无量纲底面剪切应力的变化规律也表明强水流作用对沙波的"削峰作
用",水流作用强度达到一定值时,沙波波高减小但波长一直增大,导致沙波波陡随底面剪
切应力先增大后减小的变化规律。

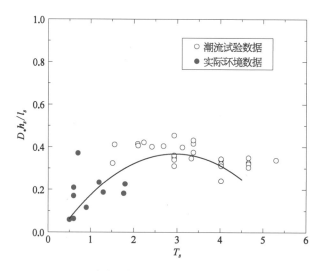

图 4 - 15　沙波陡度与无量纲底面剪切应力关系

4.3　波流作用下的海底沙波运动

在实际海洋环境条件下,近岸海底沙波形成、演化和运移的主要水动力条件是潮流和波浪的共同作用。在前人对于波流联合作用下的海底沙波研究中,均是单向流与波浪条件的叠加作用,且大多以波浪作用为主导条件。本节在潮流基础上叠加波浪作用,探究潮流主导的波流联合作用水力条件下沙波的形成过程、形态特征和特征尺度规律,与纯潮流作用条件下的工况进行对比,并基于量纲分析理论对沙波相对尺度随各种无量纲水动力参数的变化规律进行了研究,总结出适用于单向流、潮流及叠加波浪条件的经验公式。

4.3.1　沙波发展及基本形态特征

对于波流联合作用下沙波形态的分析同样可以分两个方面:一是沙波的对称性;二是沙波波高和波长的比值关系,即沙波陡度随无量纲底面剪切应力 T_s 的变化规律。

图 4 – 16 所示为波流联合作用下地形发展前期和后期的沙波形态特征,图 4 – 17 所示为潮流作用下两个发展时期的沙波形态。

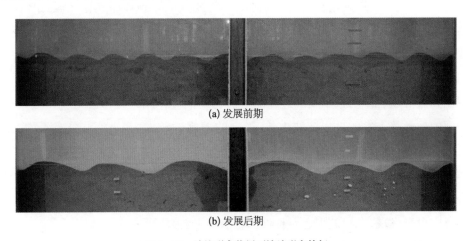

(a) 发展前期

(b) 发展后期

图 4 – 16　波流联合作用下沙波形态特征

从两种工况的沙波形态对比可以发现,潮流主导的波流联合作用下,两个发展时期的沙波对称性都比仅潮流作用下的沙波好,且前者沙波形态的规则性和沙波地形的周期性变化明显好于后者,尤其是前期发展过程。潮流的对称性沙波相比单向流非对称沙波,是在泥沙两个水流方向运移对等的基础上形成的。而在潮流基础上增加波浪作用,沙波形态对称性更好,且地形变化更加规则,说明波浪对沙波地形整个发展过程中的形态塑造有重要影响。

分析认为,由于波浪作用的存在,沙床附近水质点以一定速度沿短轴很小的椭圆轨迹做周期运动。沙床表面泥沙受到波浪底流速的影响,随波浪周期做往复运动,沙波波峰两侧泥沙颗粒运移更加平衡,且沙波地形在整个发展过程中由于规则波的周期作用,各个沙

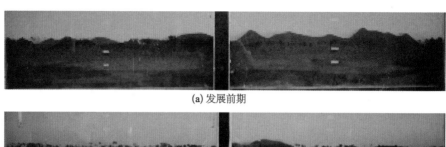
(a) 发展前期

(b) 发展后期

图 4-17 潮流作用下沙波形态特征

波尺度差别较小,呈现出更为规则的形态。

从平坦的沙床开始,潮流和波浪共同作用于床面,部分泥沙开始起动。经过一段时间后,起动的泥沙逐渐增多,床面部分地区开始出现地形扰动,形成小尺度的沙纹。在不同工况中,沙床上扰动最初出现的区段并不一致,为随机分布。随着潮流和波浪的持续作用,已出现的沙纹尺度逐渐增长,并从最初出现的区域扩散到沙床其他区段,最终遍布整个床面。各处小规模的地形在波浪和水流持续作用下发展、融合、连接,逐渐形成更大规模的沙波地形。随着时间的推移,沙波的波高和波长逐渐增加,并最终趋于稳定,沙波地形达到动态平衡状态。此时的地形同样主要由大尺度的沙波组成,几乎不存在沙纹。

潮流和波浪联合作用整个发展过程的地形与纯潮流作用时在形态上有较大差异。纯潮流作用的地形整个发展过程沙波生长、融合的随机性较大,大小沙波分布不均,而潮流和波浪联合作用地形自始至终保持较为规则、分布均匀的沙波形态。此外,纯波浪作用的地形、潮流和波浪联合作用的地形起伏都有较为规则的形态,但前者地形发展速度明显慢于后者,也可以说潮流作用的存在对地形的发展有明显的加速作用。同时,从两者规则的沙波形态中可以发现,在沙波形态对称性的塑造中,波浪作用占主要地位。

将纯潮流工况与潮流和波浪联合作用工况的地形发展过程进行对比,可以更明显看出叠加的波浪作用对地形发展的影响。叠加波浪作用后沙波波高的发展与纯潮流时差别相对较小,潮流和波浪联合作用前期波高发展略快,但后期平衡地形尺度不及仅有潮流的工况。初步分析认为,波浪作用使水流紊动强度增大,在前期地形扰动及沙纹形成过程中使更多的泥沙起动,对地形初步发展有促进作用。但随着沙波高度的发展,波峰处水深减小,根据线性波浪理论,波浪作用产生的轨道流速增大,达到一定程度后便会使沙波波峰处的泥沙运动到两侧坡面,使波高在继续发展的过程中被波浪作用限制,因此最终达到平衡状态的地形沙波波高小于仅有潮流作用的情况。

潮流与波流联合作用工况在沙波波长的发展方面差距明显,沙波波长发展速度慢,且最终平衡地形特征波长较小。这与波浪在床面附近的水质点运动轨迹有关。波浪作用时,水质点运动轨迹为椭圆,且随水深增加,椭圆短轴越小,椭圆形状越扁。靠近沙床表面附近的水质点运动轨迹的椭圆短轴几乎为零,可以假设成周期震荡流的情况。此处水质点的运动带动泥沙颗粒做水平周期摆动,其运动幅度与水质点轨道直径相同。在沙波波长的横向发展过程中,水流、波浪作用使沙波波长不断增大,但增大到一定程度后受制于水质点运动幅度的限制,不会发展到仅水流作用的尺度。

在潮流上叠加的波浪作用的不同也会对沙波形成过程产生不同影响。如图 4 - 18 所示为地形从开始到最终平衡的沙波波高变化过程。随着波浪波高的增大,地形前期发展速度越来越快,但地形平衡时沙波波高越来越小,这也证明了更强的波浪作用会对沙波波高产生更大的限制。

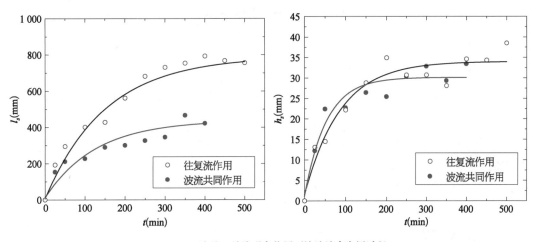

图 4 - 18　潮流 + 波浪联合作用下沙波波高发展过程

4.3.2　沙波特征尺度影响因素

本节首先单独分析波浪波高和周期对沙波特征波高和特征波长的影响规律,然后利用波流联合作用的无量纲底面剪切应力对沙波相对尺度进行定量研究,并在潮流作用经验公式的基础上增加波浪作用,得出适用于单向流、潮流及波流联合作用的经验公式,实现对实际海洋环境下海底沙波特征尺度的预测。

在 0.15 m 水深下,以流速 0.6 m/s、周期 600 s 的潮流为基础,而在 0.2 m 水深下,以流速 0.5 m/s、周期 600 s 的潮流为基础,遵循控制变量原则改变波浪波高和周期,研究两个波浪控制参数对潮流、波流联合作用下沙波特征尺度的影响。单独分析两个参数的影响规律时,将两种水深的工况分别进行研究,在规律一致时得出结论,以减少试验误差带来的影响。

1) 波浪波高影响

图 4 - 19 所示为潮流和波浪周期(1.4 s)相同的条件下,各工况沙波特征波高和特征波

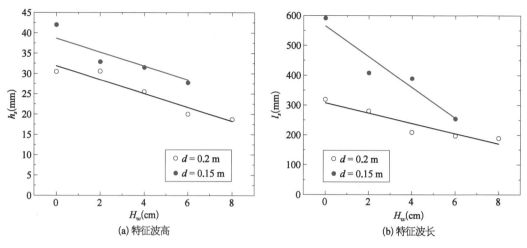

(a) 特征波高   (b) 特征波长

图 4-19 沙波特征尺度随波浪波高变化

长随波浪波高的变化规律。

图 4-19 中波浪波高为 0 的点代表仅有潮流,不施加波浪作用的情况。从图中可以看出,在潮流作用下叠加波浪作用,波浪周期相同时,沙波特征波高和特征波长均随波浪波高的增大而减小。

在 4.1 节中提到,波浪作用产生的近底震荡流速达到一定程度后,会使沙波波峰处的泥沙运动到两侧坡面,使波高在继续发展的过程中被波浪作用限制。而更大的波高会产生更强的近底流速,使沙波尺度被削减的程度加大。

2）波浪周期影响

图 4-20 所示为潮流和波浪波高(0.06 m)相同的条件下,各工况沙波特征波高和特征波长随波浪周期的变化规律。

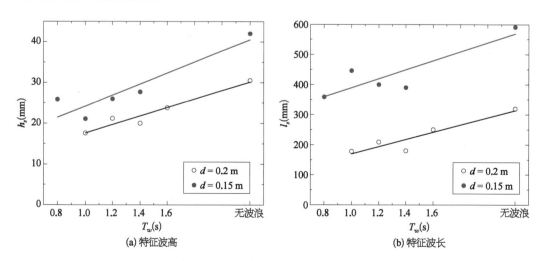

(a) 特征波高   (b) 特征波长

图 4-20 沙波特征尺度随波浪周期变化

仅有潮流而不施加波浪作用的情况可视为周期无穷大,在图 4 - 20 中对应"无波浪"的数据点。从图中可以看出,在潮流作用下叠加波浪作用,波浪波高相同时,随波浪周期的增大,沙波特征波高和特征波长均不断增大。随波浪周期增大,波浪下水质点运动轨道直径增大,沙波波峰两侧泥沙运动的幅度增大,使沙波形成更大的尺度。

4.3.3　沙波特征尺度预测

由于波浪作用是叠加在潮流作用上的,因此波流联合作用的沙波特征尺度经验公式拟合可以在潮流及单向流的经验公式基础上加入波浪作用进行进一步修正。沙波特征尺度的无量纲化采用特征波高和特征波长与水深的比值,泥沙和水流的无量纲参数采用无量纲底面剪切应力。由于波浪对海床泥沙的作用也是施加剪切应力产生的,因此对波流联合作用的条件使用此种水力条件下的无量纲底面剪切应力较为适合。

参考 Soulsby[11] 对波流联合作用底面剪切应力计算方法的总结,单独波浪作用的底面剪切应力 τ_w 用下列公式计算:

$$\tau_w = \frac{1}{2} \rho f_w u_m^2 \tag{4-23}$$

$$u_m = \frac{\pi H_w}{T_w} \frac{1}{\sinh(kd)} \tag{4-24}$$

$$k = \frac{2\pi}{L_w} \tag{4-25}$$

$$L_w = \frac{g T_w^2}{2\pi} \tanh\left(\frac{2\pi d}{L_w}\right) \tag{4-26}$$

$$f_w = 1.39 (A/z_0)^{-0.52} \tag{4-27}$$

$$A = \frac{u_m T_w}{2\pi} \tag{4-28}$$

式中　　f_w ——波浪摩擦系数;

　　　　u_m ——近底波浪水质点轨道速度振幅;

　　　　k ——波数;

　　　　L_w ——波浪波长;

　　　　A ——近底波浪水质点轨道半径。

波流联合作用下的底面剪切应力,不是单独的波浪剪切应力和单独的水流剪切应力的线性叠加,这是由于波浪和水流边界层之间的非线性相互作用。Soulsby[11] 基于大量数据,通过优化波流联合作用底面平均剪切应力 τ_m 的参数化表达式中的 13 个系数,得到了拟合程度较好的底面平均剪切应力计算方法,此种方法可简化为

$$\tau_m = \tau_c \left[1 + 1.2 \left(\frac{\tau_w}{\tau_c + \tau_w} \right)^{3.2} \right] \qquad (4-29)$$

下面需要对施加波浪作用后的沙波尺度与潮流作用下的沙波尺度进行对比分析,以确定对相对波高和相对波长表达式的修正方式。图 4-21 所示为沙波相对波高和相对波长随无量纲底面剪切应力的变化。

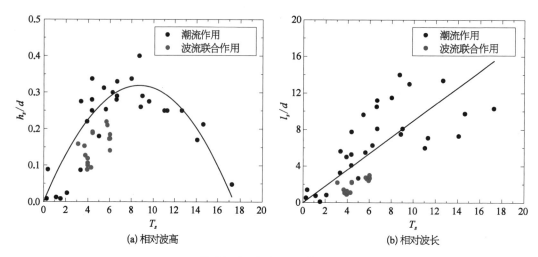

图 4-21 沙波相对尺度随无量纲底面剪切应力变化

在潮流作用工况基础上,波浪作用引起底面平均剪切应力增大,但沙波相对尺度削减。且波浪作用强度越大,对沙波尺度的削减效果越明显。波流联合作用的经验公式需要在潮流作用经验公式[式(4-18)及式(4-21)]的基础上添加与波浪作用相关的折减系数,下面分别对沙波波高和波长的折减系数进行确定,并得出相应经验公式,给出相关性分析结果。

1) 相对波高

对由于波浪作用而增大的此部分剪切应力进行无量纲化处理,得到无量纲参数 $\frac{\tau_m - \tau_c}{\tau_{cr}}$。可以认为此部分剪切应力对沙波有不同程度的削减作用,参数越大,削减作用越强。选取水槽试验中波流联合作用的所有工况试验结果作为确定折减系数的依据,将试验结果的实际沙波相对波高值与利用式(4-18)计算出的仅潮流作用的相对波高值相比,并将比值与无量纲参数 $\frac{\tau_m - \tau_c}{\tau_{cr}}$ 进行拟合,得到波浪作用折减系数 $\left[0.6 + 0.4\exp\left(-17.8\frac{\tau_m - \tau_c}{\tau_{cr}} \right) \right]$。将 4.2 节中潮流作用下的相对波高表达式以 h_{s0} 表示,由此得到波流联合作用下的沙波相对波高经验公式如下:

$$\frac{h_s}{d} = h_{s0} \left[0.6 + 0.4\exp\left(-17.8\frac{\tau_m - \tau_c}{\tau_{cr}} \right) \right] \qquad (4-30)$$

　　将单向流、潮流、波流联合作用试验数据及自然环境下的海底沙波数据与式(4-30)预测得到的数据进行相关性分析,结果如图 4-22 所示。

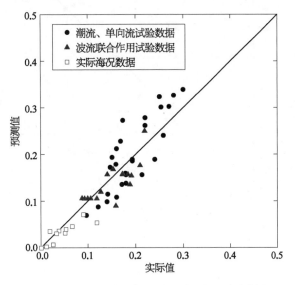

图 4-22　沙波相对波高预测值及实际值相关性分析

2) 相对波长

　　选取水槽试验中波流联合作用的所有工况试验结果作为确定折减系数的依据,将试验结果的实际沙波相对波长值与利用式(4-21)计算出的仅潮流作用的相对波长值相比,并将比值与无量纲参数 $\frac{\tau_m - \tau_c}{\tau_{cr}}$ 进行拟合,得到波浪作用折减系数 $\left[0.45 + 0.55\exp\left(-18\frac{\tau_m - \tau_c}{\tau_{cr}}\right)\right]$。将 4.2.3 节中潮流作用下的相对波长表达式以 l_{s0} 表示,由此得到波流联合作用下的沙波相对波长经验公式如下:

$$\frac{l_s}{d} = l_{s0}\left[0.45 + 0.55\exp\left(-18\frac{\tau_m - \tau_c}{\tau_{cr}}\right)\right] \qquad (4-31)$$

　　将单向流、潮流、波流联合作用试验数据及自然环境下的海底沙波数据与式(4-31)预测得到的相对波长数据进行相关性分析,结果如图 4-23 所示。

　　基于 4.2 节中对潮流条件下的沙波及实际的海底沙波波陡与无量纲底面剪切应力之间关系的统计分析,本节增加了波流联合作用条件下的试验数据,如图 4-24 中蓝色数据点所示。

　　图 4-24 表明,波流联合作用条件下,沙波波陡与潮流作用条件变化相似,即随无量纲底面剪切应力的增大,先增大后减小,在 T_s 约为 3 时达到最大值。图中波流联合作用的波陡整体比潮流条件下的值大很多。

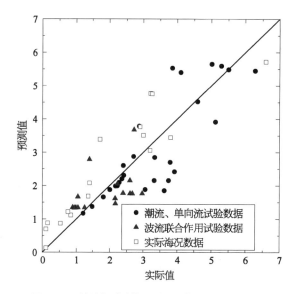

图 4-23　沙波相对波长预测值及实际值相关性分析

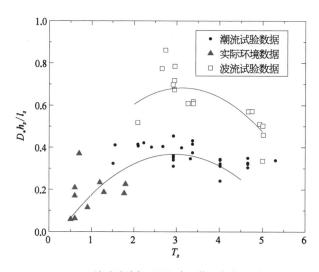

图 4-24　沙波波陡与无量纲底面剪切应力 T_s 关系

　　随着水流和波浪共同作用强度的增大,两者对沙波波峰的削减作用越来越强,导致沙波波高发展的限制越来越大。而潮流在叠加波浪作用后,其沙波波长由于波浪的影响会有明显减小,削减幅度比波高大,导致波高与波长之比相较于仅潮流作用条件有较大增加。

-- 参 考 文 献 --

[1]　Németh A A, Hulscher S J M H, de Vriend H J. Modelling sand wave migration in shallow shelf seas[J]. Continental Shelf Research, 2002, 22(18 - 19): 2795 - 2806.

[2]　Cataño-Lopera Y A, Garcia M H. Geometry and migration characteristics of bedforms under waves

and currents. Part 1：Sandwave morphodynamics [J]. Coastal Engineering，2006，53：767 - 780.

[3] Wang Z L，Liang B C，Wu G，et al. Modeling the formation and migration of sand waves：The role of tidal forcing，sediment size and bed slope effects [J]. Continental Shelf Research，2019，190：103986.

[4] Sleath J F A. Sea bed mechanics [M]. New York：Wiley Inter Science，1984.

[5] 赵连白，袁美琦.沙波运动规律的试验研究[J].泥沙研究，1995(1)：22 - 33.

[6] van Rijn L C. Sediment transport，part III：bed forms and alluvial roughness[J]. Journal of Hydraulic Engineering，1984，110(12)：1733 - 1754.

[7] Venditti J G，Bradley R W. Bedforms in sand bed rivers [J]. Treatise on Geomorphology (Second Edition)，2022，6：222 - 254.

[8] 蔺爱军，胡毅，林桂兰，等.海底沙波研究进展与展望[J].地球物理学进展，2017，3：1366 - 1377.

[9] 程和琴，王宝灿.波、流联合作用下的近岸海底沙波稳定性研究进展[J].地球科学进展，1996，11(4)：367 - 371.

[10] Soulsby R. Dynamics of marine sands：a manual for practical applications[M]. London：Thomas Telford，1997.

[11] Soulsby R L，Whitehouse R J S W. Threshold of sediment motion in coastal environments [C]. In Pacific Coasts and Ports'97. Proceedings；Christchurch，New Zealand，1997；1：149 - 154.

[12] Flemming B W. Zur klassifikation subaquatischer，stromungstransversaler Transportkorper [J]. Bochumer Geologische and Geotechnische Arbeiten，1988，29：179 - 205.

第 5 章

海底沙波稳定性分析

稳定性分析模型是海底沙波的一种重要的数学研究方法,假设海底沙波是由海床-水动力系统的自由不稳定性形成,从而描述沙波生成和运移机理。在稳定性分析中,由于线性假设,预测的沙波不允许模式干扰。这种干扰包括能量从床型的一个成分或波数转移到另一个成分或波数。研究者们通过建立平均潮流和可侵蚀海床的系统模型,研究某些规则模式是否发展为系统的自由不稳定性[1]。本章将重点介绍稳定性分析模型的实施过程及相关研究成果。

5.1 数学模型介绍

5.1.1 2DV Flow 模型

模型采用垂向二维(2DV)浅水方程作为流体的控制方程,并忽略了科氏力的影响,方程具体形式如下[2]:

$$\frac{\partial u}{\partial t} + u\frac{\partial u}{\partial x} + \omega\frac{\partial u}{\partial z} = -g\frac{\partial \zeta}{\partial x} + \frac{\partial}{\partial z}\left(A_\nu \frac{\partial u}{\partial z}\right) \tag{5-1}$$

$$\frac{\partial u}{\partial x} + \frac{\partial w}{\partial z} = 0 \tag{5-2}$$

式中　u、w——x、z 方向的速度;

　　　ζ——水位;

　　　z——海床高度,用 $z=-H+h$ 表示(图 5-1);

　　　H——平均水深;

　　　t——时间;

　　　g——重力加速度;

　　　A_ν——垂直涡黏性。

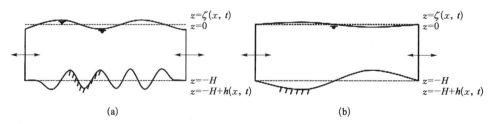

图 5-1　数值模型设置及周期性边界条件

5.1.2 沉积物运输和海床模拟

推移质输沙是在近海潮流环境下占主导地位的输运方式,模型中采用以下推移质输

沙公式,将推移质运动表达为海床剪切应力的函数[2]:

$$S_b = \alpha \mid \tau_b \mid^b \left[\tau_b - \lambda_1 \frac{\partial h}{\partial x} - \lambda_2 \mid \tau_b \mid \frac{\partial h}{\partial x} \right] \tag{5-3}$$

其中

$$\tau_b = A_\nu \frac{\partial u}{\partial z} \bigg|_{z=-H+h} \tag{5-4}$$

$$\alpha = \frac{8\gamma}{(s-1)g}, \quad \lambda_1 = \frac{3\theta g(s-1)d}{2\gamma \tan \varphi_s}, \quad \lambda_2 = \frac{1}{\tan \varphi_s} \tag{5-5}$$

式中　S_b——推移质体积输沙量;

　　τ_b——海床剪切应力;

　　θ——临界 Shields 参数,是常数 0.047;

　　s——沉积物的相对密度,等于 1.65;

　　d——颗粒直径;

　　φ_s——床层的内摩擦角,$\tan \varphi_s = 0.3$;

　　b——输沙常数,通常设置为 0.5;

　　α——比例常数,为 0.3 s/m²;

λ_1、λ_2——海床坡度的比例因子。

γ 考虑到了在潮流往复过程中,当临界剪切应力过低时,沉积物不会起动。对于单向流,该参数等于 1,否则估计为 0.5。

将流体运动方程[式(5-1)和式(5-2)]与沉积物输运方程[式(5-3)]耦合,根据质量守恒定律计算海床 h 的位置,将其作为时间 t 的函数:

$$\frac{\partial h}{\partial t} = -\frac{\partial S_b}{\partial x} \tag{5-6}$$

5.1.3　自由面和海床边界条件

水面($z=\zeta$)边界条件定义如下[2]:

$$\frac{\partial \zeta}{\partial t} + u \frac{\partial \zeta}{\partial x} = w \tag{5-7}$$

$$\frac{\partial u}{\partial z} = \frac{\tau_w}{A_\nu} \tag{5-8}$$

式中　τ_w——海面风应力。

在海床边界($z=-H+h$),垂直边界的速度分量由运动学条件描述:

$$\frac{\partial h}{\partial t} + u \frac{\partial h}{\partial x} = w \tag{5-9}$$

水平速度分量采用滑移条件,其中 S 为控制底摩阻的滑移参数:

$$A_v \frac{\partial u}{\partial z} = S_u \qquad (5-10)$$

5.1.4　流入和流出边界条件

模型中可以采用具有周期性和非周期性边界条件来研究沙波在水平方向上的非线性行为。

对于非周期性方法,在出流边界向模型提供水位值,同时速度在水平方向上的导数设置为零。在入流边界处,设置恒定流量和垂直平面中的速度分布。稳定流动可以有两种来源:风驱动水流(Ⅰ)和压力梯度水流(Ⅱ),其垂向分布形式如下[2]:

$$Ⅰ: u_r = \frac{\tau_w}{A_v}\left(H + \frac{A_v}{S} + z\right) \qquad (5-11)$$

$$Ⅱ: u_r = P\left(\frac{1}{2}z^2 - \frac{A_v}{S}H - \frac{1}{2}\right) \qquad (5-12)$$

此外,还能够在入流边界处施加与时间相关的速度变化来模拟潮汐运动,并直接在动量方程[式(5-1)]中规定压力梯度 $\left(\frac{\partial \zeta}{\partial x}\right)$,在流出边界处,设置零水位。对于在海床上设置沙波初始地形的情况,需要使沙波离流出边界足够远,以减少边界和沙波之间的相互作用。

当使用周期性边界条件时(图5-1b),入流边界的变量值等于出流边界的变量值。边界处可以选择风应力、压力梯度或两者组合驱动水体运动,压力梯度再次直接施加在上述动量方程中。周期性边界条件是假设存在一列相同波长的沙波彼此相邻,而只需要研究其中的一组沙波即可。

在边界处的速度形式也可以设置成多种:单向流、正弦潮流和往复恒定流,如图5-2

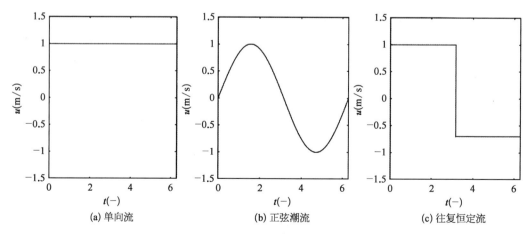

(a) 单向流　　　　　　(b) 正弦潮流　　　　　　(c) 往复恒定流

图 5-2　边界处速度形式

所示。在研究由单向流引起的非线性沙波时,需要单独处理沙波的演化、形状变化和迁移,而沙波的形状也会变得不对称。如果采用往复性的速度边界,与实际海水的运动更加接近,沙波形态通常不会迁移,并在水平面上保持对称。这使数据后处理的分析程序比较简单。如果采用往复恒定流,它基于两个相反方向的单向流周期变化,也可以用来模拟潮流的作用。往复恒定流也可以得到与正弦潮流一样的沙波最快增长模式,但是其数值计算量比正弦潮流小得多,因此比较适用于沙波演变的长期模拟。

5.2　海底沙波发展过程稳定性分析

5.2.1　沙波形成流场机理

研究通常首先在海床设置一个小振幅的正弦沙波,之后研究海床-水流所组成系统的不稳定性,包括有限振幅沙波的演变、稳定过程及其最大高度,并考虑沙波的形状变化和迁移率,如图 5-3 所示。

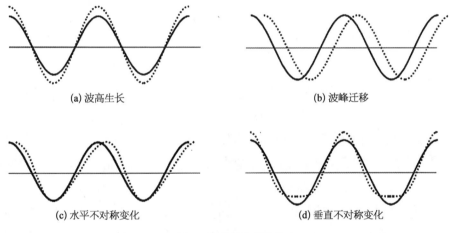

(a) 波高生长　　　　　　　　　　　　(b) 波峰迁移

(c) 水平不对称变化　　　　　　　　　(d) 垂直不对称变化

图 5-3　沙波演化示意

图 5-4 在模拟模型中给出残差为零的稳定性分析解。在图 5-4a 中,垂直速度用实线表示为负,虚线表示为正,点线速度为零。速度的大小取决于沙波振幅与水深的比值。图 5-4b 显示了水流过的两个典型波长为 600 m 的沙波。垂直速度看起来与潮汐环境中沙波的工作不同,主要的不同之处在于当前条件下为稳定流,而不是潮汐周期的残差[2]。

5.2.2　单向流下沙波的发展

图 5-5 展示了平均水深为 30 m,单向流作用下不同幅值的正弦沙波的行为特征。位于沙波顶部的最大剪切应力随着振幅的增大而增加。在 $z=-H$ 处,沙波抛物侧的剪切应

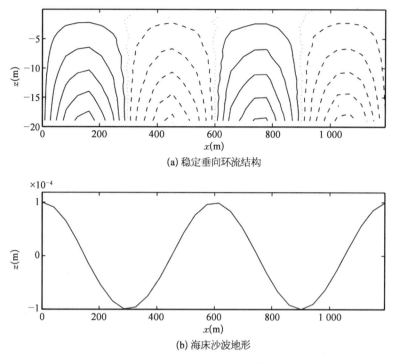

(a) 稳定垂向环流结构

(b) 海床沙波地形

图 5-4　沙波形成流场机制[3]

力(斜率最大)最初增加幅度较大,直至幅度约为 4 m;随后,剪切应力随着振幅的增大而逐渐减小,表明可以向上输送到沙波顶部的沙子较少,同时,剪切应力存在更大的梯度,这可能是一个沙波在另一个沙波后面遮蔽效应的结果。在 $z=-H$ 处的抛物侧切应力最初增加,发生沙波的演化,并随着振幅的增加而减小,这反映了稳定流情况下沙波平衡的机制。对于这些非常大的振幅,位于波谷中的最小剪切应力变为负值,表示流动分离。

由于使用浅水近似,模拟模型的当前设置不能描述流动分离。因此,对于非常大的振幅,该类模型通常不适用。为了描述流动分离,需要明确考虑流场中的压力。通常在近海环境中的沙波,一般都不是很高和很陡(沿数百米的水平域垂直变化几米),这是由于更对称的潮流运动生成沙波,而不同于河流中的单向流。

对于水平速度 u 和垂直速度 w,也发现了类似的趋势(图 5-5c 和 d)。波谷中的最小水平速度对于大振幅也变为负值,表明流动分离。然而,在 $z=-H$ 处沙波坡面上的垂直速度随着振幅的增加而不断增加。

在单向稳定流中,由于流动和泥沙输运的不平衡,沙波呈现非对称性,这可以从图 5-6b 所示的下游沉积和上游侵蚀状态表现出来。剪切应力和床位变化率相对比较平缓。与床面剪切应力(图 5-6a)相比,海底变化(图 5-6b、c)对坡度的影响很大,因为床面演化方程[式(5-6)]的非线性比水流运动要强。因此,海床变化不应完全归因于沙波的演化和迁移,尤其是大振幅的沙波[3]。

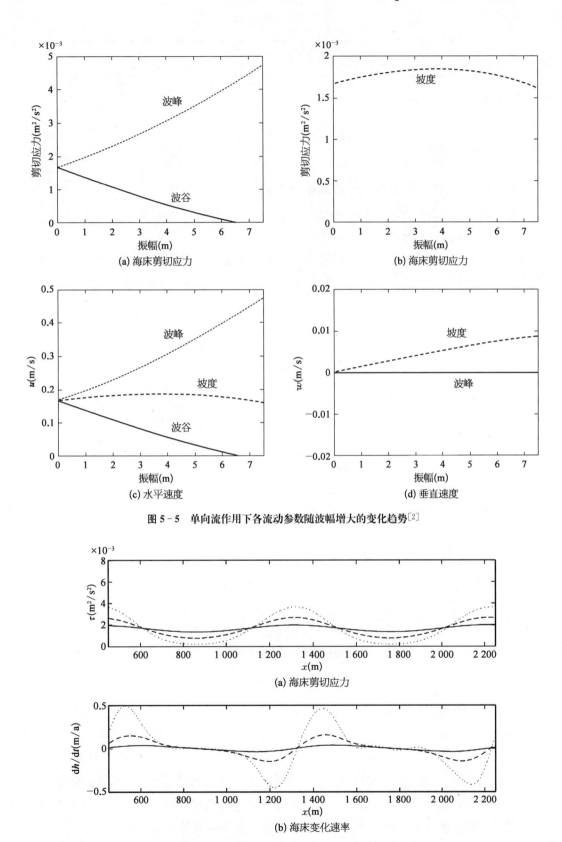

(a) 海床剪切应力　　　　　　(b) 海床剪切应力

(c) 水平速度　　　　　　(d) 垂直速度

图 5-5　单向流作用下各流动参数随波幅增大的变化趋势[2]

(a) 海床剪切应力

(b) 海床变化速率

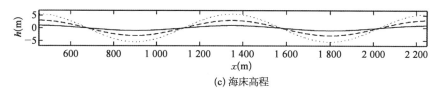

(c) 海床高程

图 5 - 6 单向流下的沙波演化[3]

5.2.3 稳定性分析实例——加的斯湾沙波

在西班牙的加的斯湾,在大陆平均水深 20 m 处,由于潮汐运动的性质与沿海环境的形状相结合,沙波的波长和高度通常分别为 150～300 m 和 2～4 m[3]。

图 5 - 7 和图 5 - 8 显示了海床随时间的发展。首先通过线性稳定性分析确定最快增长模式,然后使用压力梯度 0.04 m/s 的滑移参数 S 值和 0.02 m²/s 的黏性系数 A_v 值的单向流。

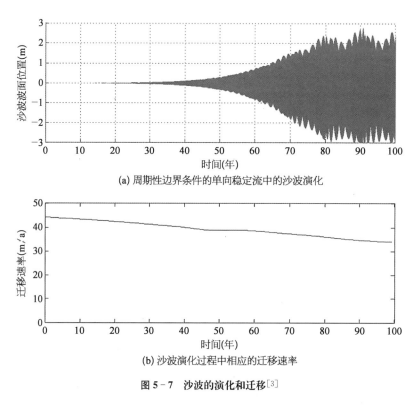

(a) 周期性边界条件的单向稳定流中的沙波演化

(b) 沙波演化过程中相应的迁移速率

图 5 - 7 沙波的演化和迁移[3]

沙波地形从最开始微小地形缓慢发展,之后振幅增加较快,相当于线性稳定性分析的指数解。紧接着,增长率减小(由于海底剪切应力、向上输送沉积物和沉积物输送之间的平衡变化)并达到饱和度。大约需要 30 年从平衡高度的 10% 发展到 90%,大概 5 m 高,即平均水深的 22%。模拟结果发现沙波高度和波长都与实际观测值接近,但高于平均水平。同时应该注意到斜率效应对于波长较小的沙波影响更加明显,因此,波长较小的最快增长模式导致了较小的沙波高度。沙波发展过程中余流流场值如图 5 - 9 所示。

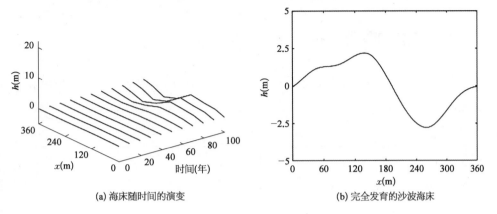

(a) 海床随时间的演变

(b) 完全发育的沙波海床

图 5-8 沙波演化过程中的横截面[3]

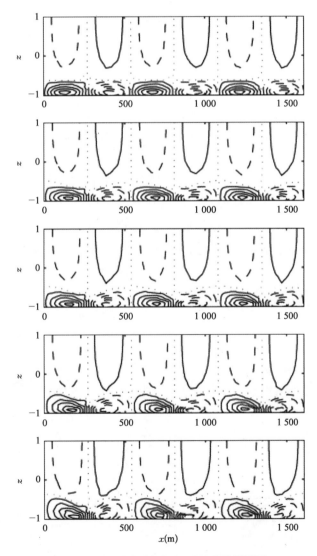

图 5-9 沙波演化过程中水平余流等值线图[3]

5.3 沙波影响参数分析

首先从稳定流的研究开始,图5-10所示为海面的风应力引起的单向流作用下的沙波特征参数。

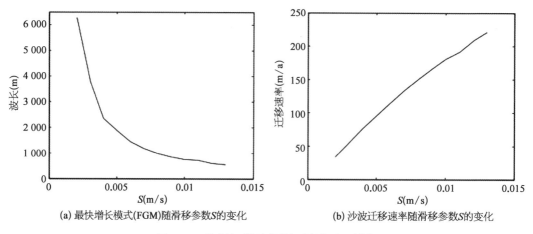

(a) 最快增长模式(FGM)随滑移参数S的变化

(b) 沙波迁移速率随滑移参数S的变化

图 5-10 单向流下沙波的特征波长和迁移率[2]

图5-11显示了具有不同初始波长的沙波的增长率。在沙波的初始阶段,床面是不稳定的,不同波长的床面扰动具有不同的增长速率。对于波长大于400 m的初始床面扰动,其增长率为正,表示沙波是在形成的过程;小于400 m的波长显示出负增长率,表明这些尺寸的床面扰动受到抑制,具有衰减和消失的趋势。其中的最快增长模式(FGM)对应的波长约为750 m,表明在未来足够长的一段时间内,主导海床的沙波具有与其相近的波长。

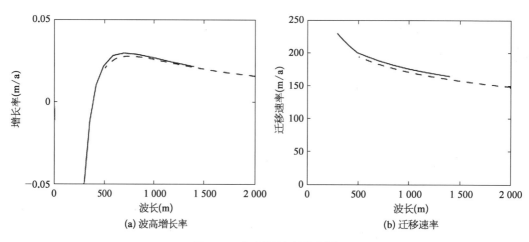

(a) 波高增长率

(b) 迁移速率

图 5-11 海底沙波初始阶段[2]

沙波的迁移速率如图 5-11b 所示,不同的波长具有不同移动速率。沙波的迁移速率是由于水流运动的不对称性所引起的。由于当前结果为单向流的情况,因此其迁移速率较大,在 150~220 m/a。与实际观察结果相比,这些迁移速率远高于实际沙波的迁移速率。由于实际中海底沙波的水动力条件以潮流为主,其中的余流成分相对较小,因而移动的速率也相较单向流要小得多,通常的迁移速率约为 10 m/a。

图 5-12a 和 b 分别显示了最快增长模式的波数和相应的增长率,两者都是无量纲阻力参数 S 除以黏性系数 E 的函数。随着海底摩阻的增加,临界波数和增长率增加,即沙波波长较小。随着黏性增加,则变化趋势与底面摩阻相反,水平轴上水体黏性 0.03~0.08 m²/s 对应着波长 3 000~500 m。相同的无量纲波数的沙波波长会随着黏度的不同而变化。这是因为 Stokes 层厚度发生了变化。如果黏度增加,Stokes 层厚度也会增加,从而改变沙波尺度。此外,时间尺度随着流体黏度增加而增加,这意味着实际尺寸增长率的差异将减小,但仍然存在一定的差异。图 5-12c 显示了最快增长模式的角频率。波长越长,角频率变得越小。如果增加阻力系数值,角频率也会增加。黏度值较小时,这种关系更强,这是因为对于较小的黏度值,最快增长模式的波长要小得多。

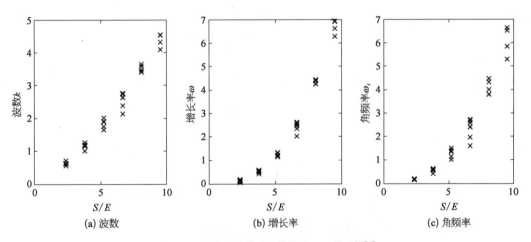

(a) 波数　　　　　　(b) 增长率　　　　　　(c) 角频率

图 5-12　增长最快模式的特性是 S/E 的函数[3]

图 5-13a 中,基于 A_v 和 S 绘制波长,增加黏度或降低阻力参数,最快增长模式的波长将增加。针对相同范围的 A_v 和 S 每年的迁移速率,会发现对阻力参数的依赖性非常强(图 5-13b)。

斜率项对迁移率没有直接影响,但斜率项在确定最快增长模式方面确实起着重要作用。斜率项抑制较小的海床形式,因此,如果增加斜率项,最快增长模式的波数会变小,波长将会增大。这意味着由于不同的最快增长模式,预期迁移率间接降低。

进一步研究余流大小的影响。当 β 变化时,应该重新考虑阻力参数和斜率参数的默认值。如果海床层阻力太小,潮流/余流比减小,就会出现很长的床形。如果仅将阻力增加两倍,就会再次发现沙波状的出现。由图 5-14a 和 b 可以看出,对于不稳定的阻力参数的

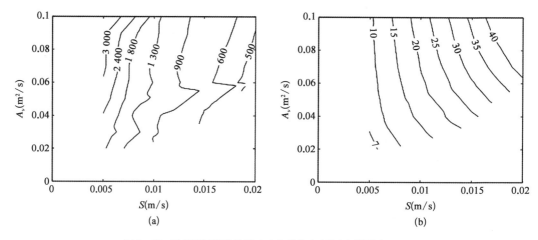

图 5 - 13　对于不同涡黏性值 A_v(a) 波长(m)和(b) 迁移率(m/a),
作为滑移参数 S 函数的最快增长模式的特性[3]

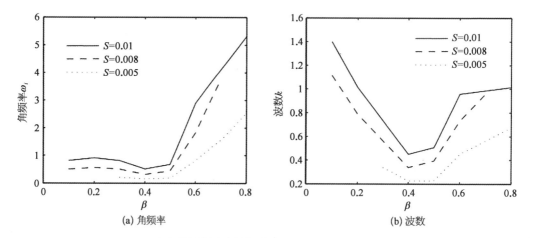

图 5 - 14　对于不同的阻力参数值,作为 β 函数的最快增长模式的特性[3]

最快增长模式的波数和相移,斜率参数(λ)具有相似的敏感性。

此外,最快增长模式的波数与对称潮流条件的情况几乎相同。Gerkema 表明,由于谐波截断,增长率和波长的值可以分别变化 28% 和 13%。但沙波迁移率相对于波数的依赖性不会有很大差异[4]。

在基本状态下,引起不对称性的稳定余流成分会引起沙波的迁移。稳定流可以由风应力和压力梯度产生,导致海床处不同大小的剪切应力,这反过来又会导致迁移速率的差异达到 3 的数量级。

潮汐流被认为是形成沙波的一种主要机制,其中余流成分沙波形成过程的影响很小,但是会导致沙波迁移。研究表明:基本床面剪切应力的不对称性是决定沙波迁移的最重要因素,速度剖面的参数化不太重要;沙波迁移速率的估计值可以直接从基本潮汐床面剪切应力 τ_{b0} 中获得。在改变 β 值时,结果对阻力和斜率参数值有很强的依赖性。

改变黏性 A_v 和滑移参数 S 的大小,通过计算最快增长模式的波长,来研究其对有限振幅沙波行为的影响。

海床粗糙度更大时,由于海床剪切应力的增加,沙波的波长更短。由于较高的剪切应力和较短的波长(较小的体积),最大高度也会增加(图 5 - 15d 和 e)。因此,由于波长较短,剪切应力的增加主导了斜率效应的增加。图 5 - 15c 和 f 中海床的大阻力导致水流与沙波波峰分离。速度剖面中更陡峭的梯度增强了这种效果。

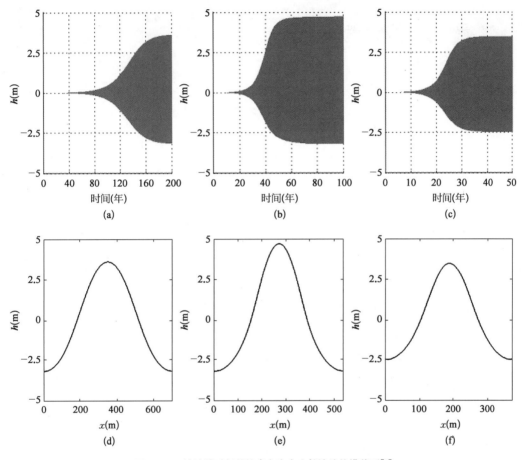

图 5 - 15　沙波随时间的演变和完全生长沙波的横截面[3]

对于较大的涡黏性值(图 5 - 16),可以找到更长的最快增长模式。演化的速度也增加了(图 5 - 16a、b 和 c)。从 0.025 m 的相同振幅开始,发现在大约 90 年、60 年和 40 年后,涡流黏度 A_v 值分别为 0.05 m²/s、0.01 m²/s 和 0.015 m²/s 时,沙波完全发展。此外,沙波的最大高度作为涡流黏度的函数几乎呈线性增加(图 5 - 16d、e 和 f)。波高的这种增加是由于较长的最快增长模式,它们在演化过程中受到斜率效应的抑制相对较少。

通过 GIS 对海底沙波调查结果表明:沙波高度和平均水深之间几乎呈线性关系(图 5 - 17)[4]。进一步开展水深影响研究,针对每个水深研究了相同大小的压力梯度。对

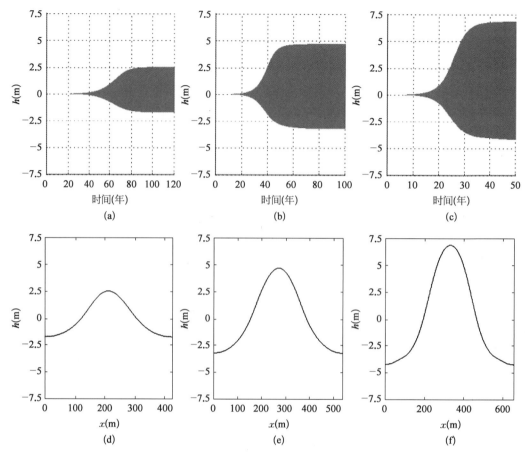

图 5-16　沙波随时间的演变和完全生长沙波的横截面对于涡黏度
A_v=0.05 m²/s、0.01 m²/s 和 0.015 m²/s 时的情况[3]

于较大的水深,深度平均速度的幅度减小,水深越大,波长越长(图 5-18a)。在较大的水深处,固定压力梯度的最大高度几乎保持不变。波长变长,斜率项仅在高度较大时才开始对饱和度起作用。图 5-18c 所示的相对沙波高度与图 5-17b 非常吻合。然而,对于较大的平均水深,绝对高度仍然很大。水面的位置似乎不包含解释较大水深没有沙波的机制(图 5-17)。然而,图 5-18 更符合这样一种观点,即当平均水深与 Stokes 层厚度(边界层)相

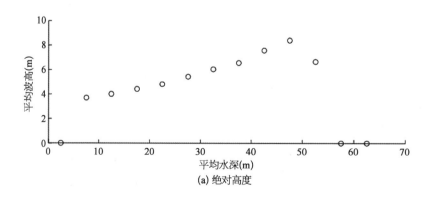

(a) 绝对高度

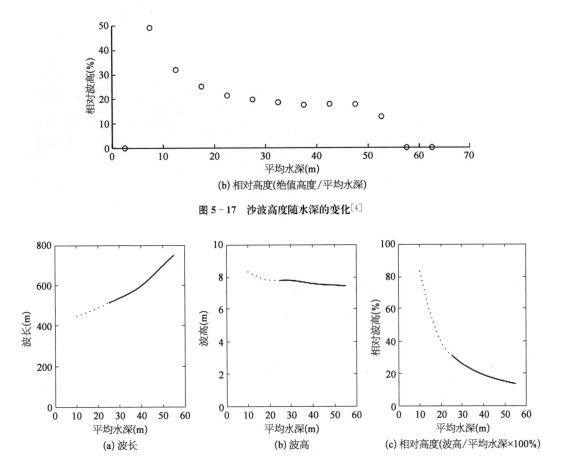

(b) 相对高度(绝值高度/平均水深)

图 5 - 17　沙波高度随水深的变化[4]

(a) 波长　　　　　　　(b) 波高　　　　　　(c) 相对高度(波高/平均水深×100%)

图 5 - 18　最快增长模式参数随水深的变化[3]

同或更大时,自由表面位置的作用不太重要。对于水深小处,不会发生沙波,因为其他过程被认为是相关的。对于水深大处,也不会发生沙波,这可能由于低剪切应力,无法起动运动[3]。

5.4　海底沙波疏浚影响

Sterlini 研究了北海区域完全发育的沙波在进行疏浚之后的发展变化过程。对无限宽的海底沙波波峰上部 5 m 进行疏浚,如图 5 - 19a 所示。疏浚之前完全发展的沙波为实线,疏浚后平均海床低 1.5 m,其形态用虚线表示。疏浚后开始计算的海床初始剖面是平滑的,因为剖面中的粗糙边缘和其他扰动可以被视为具有小波长的特征。与沙波的时间尺度相比,这些小尺度特征在非常短的时间尺度上受到抑制。在更长的时间范围内,系统将会自我重组[5]。

疏浚沙波发展的过程如图 5 - 19b 所示,疏浚的沙波在十年内恢复。完全发育的沙波顶部比原始剖面低约 1.5 m。假设疏浚后沙波的波长保持不变,根据线性理论,最快增长模式的波长比疏浚沙波的波长要长,这是由于更大的平均水深,因为被疏浚的沙子从当前

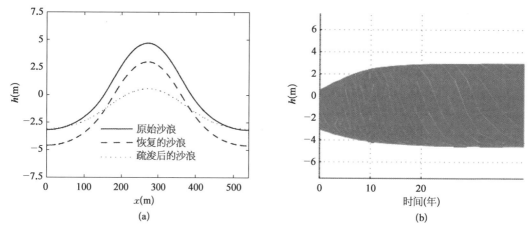

图 5 - 19　沙波的疏浚及恢复情况[5]

的系统中运走,从而平均水深增加,10 年后完全发展的沙波波峰将比原来的低 1.5 m。同时由于平均水深的变化导致系统最快增长模式也发生了变化。

如果将沙波顶部的疏浚沙填充到波谷的位置,可以降低沙波的高度,但是平均水深不变。假设疏浚的沙波系统具有自由不稳定性,沙波再次完全发育所需的时间取决于疏浚后的沙波高度。每挖 1 m,粗略估计高度将降低 2 m。其恢复的时间尺度是几十年或更短的时间,之后沙波又恢复到原来的高度。

基于稳定性分析数值模型,可以实现沙波演化及充分发展过程,最终沙波高度可以达到平均水深的 10%～30%。从最终稳定高度的 10%演化到 90%大约需要 20 年。导致沙波饱和的稳定机制是基于海床剪切应力与沉积物下坡输运和上坡输运之间的平衡,通常下坡输运更加容易,而上坡输运则更加困难。水体运动具有朝向波峰的稳定余流循环单元,用于无限小和完全发展的沙波的周期性水运动。在较大的高度,坡度项减少了向上输送到波峰的沉积物的净量,这会导致沙波饱和。

对于周期性水运动,完全发展的沙波的陡度小于单向稳定流中的沙波。这是由于对于单向流情况,当流动条件适中时,沙波可以在没有流动分离的情况下发展;而对于比较强烈的流动条件,沙波变得过于不对称,需要描述流动分离过程。稳定的水流(这里通过压力梯度和/或海面的风应力研究)在基本状态下引起不对称,会导致沙波的迁移。沙波的迁移速率在其演化过程中略有下降。完全生长的沙波的迁移速率比无限小的沙波小约 18%。

海床阻力和黏度是决定海床剪切应力值的重要因素。因此,它们在泥沙输运公式中剪切应力与坡度项之间的平衡中起着重要的作用。海底较大的阻力和较大的涡流黏度值会减少时间尺度并增加饱和高度。对于周期性的水运动,海底剪切应力与坡度项之间的平衡不仅决定了沙波的高度,还决定了沙波的形状。当斜率项的 λ_1 分量大于 λ_2 分量时,沙波也趋于尖峰。在相反的情况下,沙波将具有更平滑的形状[5]。

　　水深在决定最快增长模式的波长方面起着重要作用。因此,饱和高度与平均水深相关,因为它间接影响了坡度效应对沙波饱和度的影响。但当平均水深除以 Stokes 层的比值越大时,相对影响越小。

　　此外,沙波在被疏浚后的几十年内能够恢复。时间尺度和由此产生的最大高度取决于挖沙量和倾倒地,由此产生的饱和高度取决于提取的沙子量和倾倒沙子的位置。当从系统中提取沙子时,产生的饱和沙波高度将低于将疏浚的沙子倾倒在槽中时。

参 考 文 献

[1]　Hulscher S J M H. Tidal-induced large-scale regular bed form patterns in a three-dimensional shallow water model[J]. Journal of Geophysical Research: Oceans, 1996, 101(C9): 20727 - 20744.

[2]　Németh A A, Hulscher S J M H, de Vriend H J. Modelling sand wave migration in shallow shelf seas[J]. Continental Shelf Research, 2002, 22(18 - 19): 2795 - 2806.

[3]　Németh A A. Modelling offshore sand waves [D]. The Netherlands: University of Twente, 2003.

[4]　Wilkens J. Sand waves and possibly related characteristics[R]. Report for Alkyon Hydraulic Consultancy and Research, 1997.

[5]　Sterlini F. Modelling sand wave variation [D]. The Netherlands: University of Twente, 2003.

第 6 章

浅海区域海底沙波
数值模拟

海底沙波是一种在陆架海域较为常见的规则的起伏地貌形态。海底沙波在潮流、波浪等各种因素的共同作用下形成并不断演化,波长一般为几十米到上百米,同时具有显著的活动性[1]。同时,由于海洋环境的变幻莫测,台风等极端天气条件对海底地形的塑造起着十分关键的作用[2]。本章选取具有代表性的南海北部湾区域海底沙波作为主要研究对象,通过 ROMS 数值计算模型对正常潮流作用及台风等极端天气条件共同作用下的海底沙波的迁移演化规律进行分析研究。

6.1 ROMS 数值模型

针对潮流波浪作用下海底沙波的数值研究主要包括海洋流体动力学和沙波演化两个部分的内容。ROMS 是一个适用于各种应用环境的开源沿海海洋环流计算模型[2-4]。因此,对潮流和波浪作用下的海底沙波迁移演化规律的研究采用 ROMS 进行。但是,两个阶段的模型配置是不同的。为了模拟海洋流体动力学,需要建立一个较大的计算域,它覆盖了具有真实海岸线和海底形态的海洋区域,网格尺寸相对较大(网格尺寸约 3 km 或 5 km)。海洋水动力模型由潮汐强迫和表面通量条件驱动,这些条件通常从现有数据集中获得。在这一步中,床层形态不进行更新,因为床层形态的微小变化对潮流的影响可以忽略。从海洋模型中提取特定位置的实时潮流和其他水动力参数。然后,在较细网格尺寸的小计算域中模拟典型截面处沙波的演化(网格尺寸约 1 m)。这是研究沙波演变的一种常用方法,它基于沙波波峰线近似垂直于潮流主方向的假设[5-7]。通常从声呐扫描数据中获得典型剖面的精确床层剖面,作为初始底部边界。然后,将区域尺度模拟得到的沙波区深度-平均流速时间序列应用于进口边界,模拟泥沙输移和河床形态变化。

6.1.1 控制方程

ROMS 的控制方程是三维雷诺平均 Navier Stokes(3D RANS)方程,具有流体静力和 Boussinesq 假设[3]。ROMS 采用基于水平曲线 Arakawa C 网格和垂直拉伸地形跟随坐标的有限差分近似求解,以匹配海岸线和海底剖面。笛卡儿水平坐标和西格玛垂直坐标下的控制方程如下所示。水平方向,即 x 和 y 方向的动量方程为

$$\frac{\partial(H_z u)}{\partial t} + \frac{\partial(uH_z u)}{\partial x} + \frac{\partial(vH_z u)}{\partial y} + \frac{\partial(wH_z u)}{\partial s} - f_c H_z v$$

$$= -\frac{H_z}{\rho_0}\frac{\partial p}{\partial x} - H_z g\frac{\partial \eta}{\partial x} - \frac{\partial}{\partial s}\left(\overline{u'w'} - \frac{\nu}{H_z}\frac{\partial u}{\partial s}\right) - \frac{\partial(H_z S_{xx})}{\partial x} - \frac{\partial(H_z S_{xy})}{\partial y} + \frac{\partial S_{px}}{\partial s}$$

$$(6-1)$$

$$\frac{\partial (H_z v)}{\partial t} + \frac{\partial (u H_z v)}{\partial x} + \frac{\partial (v H_z v)}{\partial y} + \frac{\partial (w H_z v)}{\partial s} - f_c H_z u$$

$$= -\frac{H_z}{\rho_0} \frac{\partial p}{\partial y} - H_z g \frac{\partial \eta}{\partial y} - \frac{\partial}{\partial s}\left(\overline{v'w'} - \frac{\nu}{H_z}\frac{\partial v}{\partial s}\right) - \frac{\partial (H_z S_{yx})}{\partial x} - \frac{\partial (H_z S_{yy})}{\partial y} + \frac{\partial S_{py}}{\partial s}$$

$$(6-2)$$

在流体静力近似下,垂直压力梯度与浮力平衡方程为

$$0 = -\frac{1}{\rho_0} \frac{\partial p}{\partial s} - \frac{g}{\rho_0} H_z \rho \qquad (6-3)$$

不可压缩流体的连续性方程为

$$\frac{\partial \eta}{\partial t} + \frac{\partial (H_z u)}{\partial x} + \frac{\partial (H_z v)}{\partial y} + \frac{\partial (H_z w)}{\partial s} = 0 \qquad (6-4)$$

其中,$s = (z - \eta)/D$。

式中　　　u、v、w——水平(x、y)和垂直(s)方向上的速度分量,垂直坐标从底部 $s = -1$ 到自由表面 $s = 0$ 处;

z——纵坐标,正向向上 $z = 0$ 位于平均海平面处;

η——自由面高程;

D——总水深,即 $D = h + \eta$,h 为平均海平面以下水深;

H_z——网格单元厚度;

f_c——科里奥利参数;

g——重力加速度;

ν——分子黏度;

p——压强;

ρ、ρ_0——海水的总密度和参考密度;

$\overline{u'w'}$、$\overline{v'w'}$——雷诺应力;

S_{px}、S_{py}——垂直辐射应力;

S_{xx}、S_{xy}、S_{yx}、S_{yy}——水平辐射应力。

泥沙输运包括推移质输运和悬移质输运。推移质泥沙输运基于以下经验公式计算[8]

$$q_{bl} = \Phi \sqrt{(s_0 - 1)g D_{50}^3}\, \rho_s \qquad (6-5)$$

式中　q_{bl}——输沙率;

D_{50}——泥沙中值粒径;

ρ_s——沙粒密度;

s_0——水中比密度;

Φ——单向流 Meyer‑Peter 和 Müller 计算的无量纲输沙率[9],有

$$\Phi = \max[8(\theta_{sf} - \theta_c)^{1.5}, 0] \tag{6-6}$$

式中　θ_c——临界 Shields 参数;

　　　θ_{sf}——蒙皮应力的 Shields 参数,表示为

$$\theta_{sf} = \frac{\tau_{sf}}{\rho(s_0 - 1)gD_{50}} \tag{6-7}$$

式中　τ_{sf}——底应力的总摩擦分量大小。

悬浮在水中的泥沙通过求解平流‑扩散方程来计算

$$\frac{\partial(H_z C_s)}{\partial t} + \frac{\partial(u H_z C_s)}{\partial x} + \frac{\partial(v H_z C_s)}{\partial y} + \frac{\partial(w H_z C_s)}{\partial s} = -\frac{\partial}{\partial s}\left[\overline{C_s'w'} - \frac{\nu_\theta}{H_z}\frac{\partial C_s}{\partial s}\right] - \frac{\partial w_s C_s}{\partial s} + E_s \tag{6-8}$$

式中　ν_θ——泥沙扩散系数;

　　　C_s——泥沙浓度;

　　　w_s——竖直沉降速度(正向上);

　　　E_s——地表侵蚀质量通量,计算式为

$$E_s = E_0(1 - \phi)\frac{\tau_{sf} - \tau_{ce}}{\tau_{ce}}, \quad \tau_{sf} > \tau_{ce} \tag{6-9}$$

式中　E_0——床层可蚀性常数,kg/(m² · s);

　　　ϕ——顶层沙床孔隙率(孔隙体积/总体积)。

模型独立求解式(6-8)中的每一项,顺序为:垂直沉降,源/下沉,水平平流,垂直半流,垂直扩散,水平扩散[3]。

海底的形态变化是根据海底边界沉积物通量的收敛或发散来计算的,完全是质量守恒的,并保留了示踪常量。还提供了形态尺度因子,即 f_{morph},以考虑形态变化的速率增加,这可用于模拟海底在很长一段时间内的演变。在 ROMS 中,床质通量、侵蚀和沉积速率都乘以一个比例因子。数值为1的比例因子没有影响,大于1的比例因子会加速沙床的演化。

6.1.2　边界条件

为了模拟海洋流体动力学,将整个北部湾区域纳入 ROMS 数值模型,模拟潮汐场。北部湾地形是利用简单海洋数据同化(SODA)得到的,并采用 1∶70 万海图进行修正。计算域坐标为 105°～110°E, 16°～22°N,它由 122×92 的水平网格划分,网格大小为 3′(4.0～6.0 km)。在创建网格系统时,将数据集中的地形数据通过线性插值投影到结构化

网格上,将海底坡度平滑到 0.3 以内。

数值模型采用国际海洋-大气综合数据集(International Comprehensive Ocean-Atmosphere Data Set,ICOADS)计算地表风应力、地表热流通量和辐射通量。利用全球潮汐模式 TPXO7.1 得到开放边界的潮汐强迫,包括周期、相位角、振幅和椭圆速度。在本研究中,模型中考虑了南海的 8 个谐波成分,包括 M_2、S_2、K_1、K_2、O_1、N_2、P_1 和 Q_1。地表高程开放边界设为 Chapman 边界条件,正压速度法向分量设为 Flather 边界条件。温度和盐度场的初始状态取自世界海洋地图集(World Ocean Atlas,WOA)数据。注意,对于区域海洋流体动力学的模拟,海床不随时间变化更新。

由于海南岛的屏蔽作用,来自南海的深水波很难传播到北部湾。根据多年的实测记录,该区平均浪高为 0.24~0.94 m,最频繁的波周期为 3.1~5.0 s。基于线性波理论和实测,海底附近波浪的最大轨道速度小于 0.05 m/s,比潮流的最大轨道速度小一个量级(Ma,2013)。已有研究表明:当波高小于 1.0 m 时,表面波对沙波的演化影响不大[10]。因此,为了简化模型,本节不考虑表面波的影响。

6.1.3 沙波模型的建立

在更小的计算域内配置 ROMS(图 6-1),模拟典型沙波横截面的演变。在图 6-1 中,x 轴沿垂直于沙波波峰的方向延伸,这也是潮流的主要方向;y 轴沿着沙波的波峰延伸,如 Németh 等(2006)和 Wang 等(2019)所做的那样;z 轴是垂直方向的。为了准确地捕捉沙波的瞬态行为,沙波模型的水平网格空间步长比区域海洋模型的网格空间步长要细得多(~1 m)。采用 30 层左右的拉伸垂直网格系统[11]。

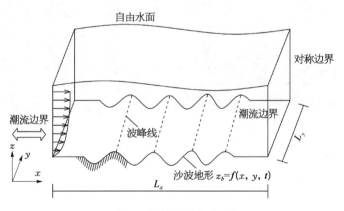

图 6-1 沙波模型计算域示意

在沙波模型中,水流流速被假定为沙波演化的唯一驱动力。因此,沙波模型的边界条件比区域尺度模型的边界条件简单,不再考虑地表风应力、地表热流和辐射通量的影响,因为它们已经包含在区域尺度模型中,对沙波演化的直接影响很小。初始底部边界由实测数据典型的沙波截面获得。在入口边界,应用区域尺度模型得到的深度平均速度的时间序列。右边的边界是出口边界。两个横向边界设置为对称边界。本节模拟了中国科学院海洋研究所测量的 2007 年 1 月—2008 年 12 月沙波区典型断面的演变过程[12]。研究区沙波波峰线大致垂直于主要潮流方向。沙波区范围长度为 1 600 m,水平网格尺寸为 2.0 m。研究区水深范围为 31.5~32.9 m,采用 30 层拉伸垂直网格系统,底部分辨率较高。采用形态尺度因子 2.0 模拟海底 1 年的沙波演化,以反映 2 年的真实沙波演化。数值迭代的时间步长设为 2.0 s。

在沙波模型中,主要有三个重要的泥沙参数,即沉降速度(w_s)、临界剪切应力(τ_{ce})和地表侵蚀速率(E_0)对泥沙输移和海底形态变化有影响。上述海底参数的确定通常是基于经验公式和参数标定[3,8]。对于中位粒径 $d_{50} = 0.2$ mm 的非黏性沉积物,沉降速度设定为 $w_s = 18.0$ mm/s,临界剪切应力 $\tau_{ce} = 0.20$ N/m²,地表侵蚀速率 $E_0 = 4.0 \times 10^{-3}$ kg/(m²·s)[11]。

6.1.4 极端条件的影响

南海经常发生台风,平均每年约有 10 次。图 6-2a 所示为 2010 年三个典型台风经过北部湾的路径图,分别是 No.201002-Conson(中文名"康森")、No.201003-Chanthu(中文名"灿都")和 No.201005-Mindulle(中文名"蒲公英")。其中 Conson 号的航迹与关注

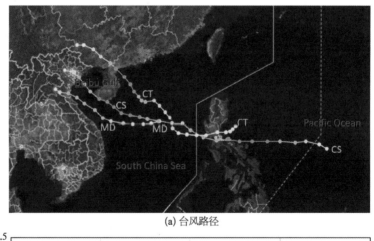

(a) 台风路径

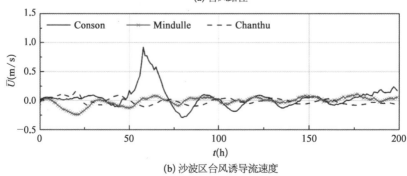

(b) 沙波区台风诱导流速度

图 6-2 2010 年通过北部湾的典型台风

的沙波区相邻并向南,而其他两个的航迹则距离研究区数百千米。图 6-2b 进一步显示了由另一种海-气耦合模式得到的三个台风在沙波区诱导的深度-平均流速度的时间序列(Xie,2014)。Conson、Mindulle 和 Chanthu 三个台风诱发的深度平均流速最大值分别为 0.92 m/s、0.30 m/s 和 0.20 m/s。因此,应考虑它们对沙波演化的影响。在本研究中,台风诱导的深度平均流与深度平均潮流同时叠加,作为强迫沙波演变的极端条件。

6.2　正常海况下的沙波演化

常态化水动力条件下的海底沙波的发育和演变仍主要受潮流作用的控制。因此,针对海底沙波在潮流长期作用下的输移规律、不同沙床属性对沙波形态的影响,以及一年中不同月份之间的沙波活跃程度进行研究,对分析海底沙波整体演化规律及选择作业窗口具有重要意义。

6.2.1　沙波的长期演变

采用 ROMS 模型模拟了北部湾真实沙波的长期演化过程。从海洋模型中提取了两年来深度-平均潮流速度的时间序列,并应用于沙波模型的入口边界。图 6-3 所示为一年内进口边界深度-平均流速的时间序列。潮汐流速的大小在天之间变化很大。基本潮流的不对称性是决定沙波运移的最重要因素,因此,在沙波模型中应用时变潮流比使用理想潮流更为合理[11]。

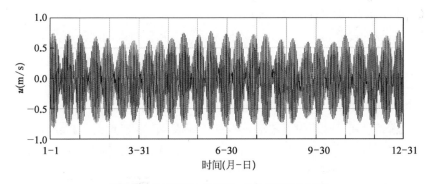

图 6-3　沙波模型入口边界一年的深度平均流速

图 6-4 所示为两年来沙波实测床层剖面与模拟床层剖面对比图。沙波的形状在这两年有轻微的变化,保持尖锐的波峰和平缓的波谷。即使在潮汐强迫对称的情况下,大多数沙波在横轴周围的形状都是不对称的。这两年沙波的迁移是显著的。根据实测数据[11],波峰的最大迁移距离为 21.0 m,最小迁移距离为 5.4 m,这两年的平均值为 10.9 m。模拟结果表明,波峰平均迁移距离为 12.0 m,最大值为 18.5 m,最小值为 6.1 m。迁移距离实测值与模拟值相差在 15% 以内,主要表现在三个方面:

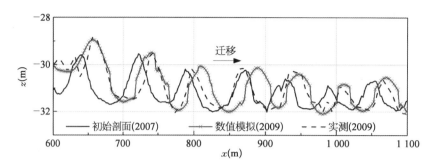

图 6-4 2007—2009 年 P1 断面沙波演化数值结果与实测结果的比较

（1）数值模拟过程中不包括热带气旋或台风等极端气候对沉积物输送和由此造成的海床变化的影响。

（2）数值模拟中设定整个研究区域的沉积物性质是一致的，而在真实海底，沉积物性质可能略有不同，导致沉积物输运性质不同。

（3）将潮流速度投影在波峰线的垂直方向上，忽略横向分量，这可能会对沙波的演变产生影响。

从实测和数值结果来看，这两年沙波高度呈上升趋势。实测沙波平均增长 0.18 m，数值模拟平均增长 0.20 m，相差 11%。在许多研究中，数值模型中没有考虑风暴条件，导致沙波高度被高估。在本研究中，台风对沙波演变的影响将在 6.3 节中具体研究。考虑到实际海域的复杂情况，本模型对沙波演化的精度是可以接受的[11]。

6.2.2 沙床属性对沙波演化的影响

海底条件和泥沙输运之间关系复杂，不同的泥沙参数值会引起沙波行为的显著变化。因此，有必要从工程角度研究沉降速度、临界剪切应力和地表侵蚀速率对沙波演化的敏感性[11]。

1）沉降速度的影响

考察了沉降速度在经验值附近波动 50% 的不同值，即 9.0 mm/s、13.5 mm/s、18.0 mm/s、22.5 mm/s 和 27.0 mm/s，其他参数是固定的。所有模拟都是从相同的初始海底剖面进行的。

为了准确评价沉降速度的影响，计算沙波高度的平均变化（ΔH），并在图 6-5a 中绘制其与沉降速度的关系变化。一般情况下，沉降速度越大，沙波高度的增长速度也越大。当 $w_s = 27$ mm/s 时，沙波高度以 0.03 m 的值增长，而当 $w_s = 9.0$ mm/s 时，ΔH 为负值（-0.11 m），表明沙波高度在下降。通常，泥沙粒径的减小会引起沙波的衰减[13]。在本模型中，沉降速度的减小对应于泥沙粒径尺寸的减小。因此，沉积物更容易悬浮在水中，很容易被水流带走，导致沙波的衰减。相反，随着沉降速度的增加，海床上以推移质运动为主，导致沙波高度增加。

2) 临界剪切应力的影响

在潮流作用下沙波的演化过程中,采用了在经验值附近波动 50% 的临界剪切应力值。试验 τ_{ce} 的 5 个值,即取值 0.10 N/m²、0.015 N/m²、0.20 N/m²、0.25 N/m² 和 0.30 N/m²,其他泥沙参数与之前设定相同。模拟从相同的海底剖面开始,计算了沙波的平均增长 (ΔH)并在图 6-5b 中绘制了其与临界剪切应力的关系曲线。随着临界剪切应力的增大,沙波的平均增长也增大。在较低临界剪切应力 $\tau_{ce}=0.14$ N/m² 时,ΔH 值为 -0.09 m,表明沙波高度在减小,而在较高临界值 $\tau_{ce}=0.30$ N/m² 时,沙波生长速率为正,表明沙波在增大。合理的解释是,随着临界剪切应力的增加,有一个更小的时间周期(在潮汐漂移内)使得在此期间沉积物可以悬移质运动,这导致了主要的运动形式为推移质运动。

3) 地表侵蚀速率的影响

我们选取地表侵蚀速率 $E_0=2.0\times10^{-3}$ kg/(m²·s)、3.0×10^{-3} kg/(m²·s)、4.0×10^{-3} kg/(m²·s)、5.0×10^{-3} kg/(m²·s) 和 6.0×10^{-3} kg/(m²·s) 五个值,研究其对沙波演化的影响。从图 6-5c 可以看出,随着侵蚀速率的增加,沙波的生长速率逐渐减小。当侵蚀速率为 2.0×10^{-3} kg/(m²·s)时,沙波的生长速率约为 0.025 m/月;当侵蚀速率为 7.5×10^{-3} kg/(m²·s)时,沙波的生长速率为 -0.07 m/月。随着侵蚀速率的增加,海床的可蚀性增强,导致沙波的衰减。这与已有研究提出的海底阻力参数越大,沙波的生长速度越快相一致[14]。这里,海底阻力的增加对应着侵蚀速率的减小。

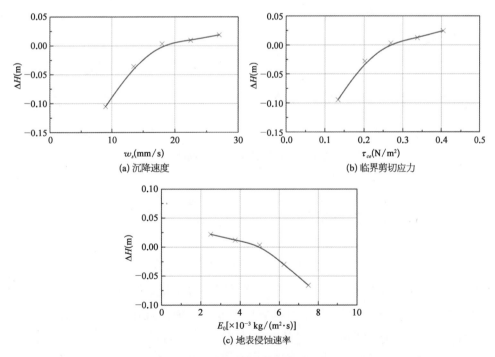

(a) 沉降速度　(b) 临界剪切应力

(c) 地表侵蚀速率

图 6-5　沙床参数对沙波高度变化影响(ΔH)

6.2.3 不同月份之间的沙波变化规律

进一步研究潮汐流下沙波在个别月份的临时发展。在实际工程中,作业窗口常被视为水动力较弱、海底相对稳定的时期,以便在海底安装平台或管道。因此,分析海底各个月份的活动情况,特别是有沙波的海底活动情况,对工程规划阶段作业窗口的选择具有重要意义。图6-6计算了每个月沙波的水平和垂直变化,分别给出了沙波波峰和波谷的变化。在图6-6a中,沙波波峰和波谷的平均迁移距离均为正值,说明全年在潮流作用下沙波的迁移方向一致。然而,迁移率的确切值在不同月份之间是不同的。沙波运移距离在6—8月最大,大约为0.80 m,3—5月和9—12月最小,为0.40~0.50 m。同时,波峰的迁移速率略大于波谷的迁移速率,与观测到的沙波形状的轻微不对称相一致[12]。

在图6-6b所示的沙波垂直发展过程中,波峰值为正,说明波峰在增大;相反,波谷的值几乎为负,即波谷在降低。波峰和波谷的变化都导致了波高的增加。当靠近沙床的从波谷流向波峰的稳定水流足够强大,以至于可以克服沙粒的重力,则沙波就在增长。波峰的绝对变化一般大于波谷的绝对变化,导致沙波在横轴上的不对称[15]。沙波的生长速度也因月份而异。6—8月生长速率最大,4—5月和9—11月生长速率最小。从水平方向和垂直方向沙波的演变来看,4月和10月沙波相对稳定,可选择这两个时间段作为海底安装作业窗口。

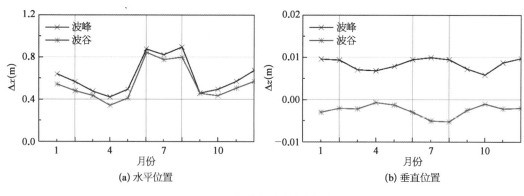

(a) 水平位置   (b) 垂直位置

图6-6 不同月份沙波波峰和波谷

6.3 极端条件下的沙波演化

台风等极端天气条件会引起强水动力条件的改变能造成沙波的迅速迁移,可以在短时间内使得海底地形发生巨大改变,这在实测资料上可以得到验证。为了深入了解间歇性风暴过程,有必要进一步研究单个台风事件中沙波的演变规律。这里以经过北部湾区域的台风Conson为例。Conson经过的时间从2010年7月12日上午8:00开始,持续3天,研究在其经过期间沙波的迁移距离、形状变化及泥沙输运机制[11]。

6.3.1 极端条件下四种水动力条件

台风 Conson 的运动轨迹在研究的沙波区以南,因此台风诱导的波浪通常由南向北传播,产生与潮流方向相同的振荡流。在本研究中,台风诱导流与同期潮流的线性叠加如图 6-7 所示,表示为真实组合。这种组合的最大速度可以达到 1.50 m/s,大约是纯潮汐流的 1.8 倍。值得注意的是,对于真实的组合,台风诱发的速度峰值并没有伴随最大涨潮而出现。由于潮流的周期性变化和台风发生的随机性,现实中也有许多两者的其他结合。然后进一步考虑另外两个组合,即最大组合(台风引起的峰值速度与涨潮时的最大速度在同一方向上叠加)和最小组合(两者在相反方向上叠加)。如图 6-7 所示,最大组合可以达到 1.75 m/s,而最小组合的速度约为 1.0 m/s。

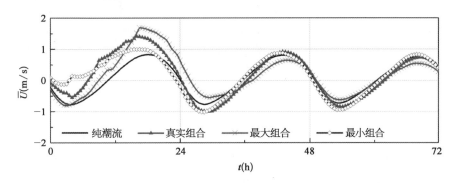

图 6-7 潮汐和台风诱导流不同组合的速度

6.3.2 极端条件下沙波演化规律

通过 ROMS 模拟了上述不同水动力条件下沙波的演化过程,如图 6-8a 所示。一般情况下,随着流体力学的加强,沙波的迁移距离逐渐增大。最大组合情况下偏移距离最大,纯潮流情况下偏移距离最小。在垂直演化过程中,纯潮流和最小组合情况下的波高略有增加,而真实组合和最大组合情况下的波高明显下降。为了更好地进行比较,计算了初始剖面和已开发剖面之间的层间变化差异,并在图 6-8b 中显示。一般而言,绝对床层变化的降序为:最大组合、真实组合、最小组合、纯潮流。说明台风诱导流的叠加对沙波的演化有重要影响。

图 6-8 中绘制了一条辅助的垂直虚线,表示其中一个沙波波峰的初始位置。在所有情况下,初始波峰的上坡面(即左侧)都发生负的层位变化,表明上坡面被侵蚀。如果侵蚀泥沙仅沉积在波峰上,则波高呈上升趋势,但迁移较少,如纯潮流和最小组合情况。否则,如果上坡侵蚀泥沙被带过坡顶,下坡中部沉积,沙波呈减小趋势,但进一步迁移,如真实组合和最大组合情况。因此,由于水深的增加,左侧坡的潮汐平均流速比右侧坡的流速大,并且在波峰后流速较小的点上发生泥沙淤积。这种残余流在残余流的方向上造成净输运,从而导致沙波的迁移[13]。

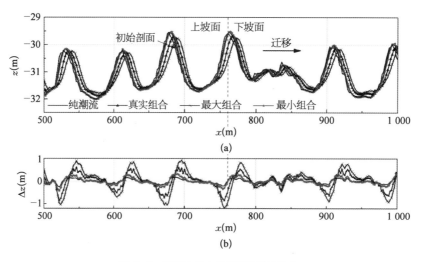

图 6-8 不同水动力条件下沙波的演化

马小川(2013)[12]用经验方法估算了在台风 Conson 作用下沙波的迁移距离,得到 $\Delta x = 0.66 \sim 8.9$ m,平均的迁移距离 $\Delta \bar{x} = 4.50$ m。基于现有数值结果,实际组合情况下的迁移距离 $\Delta x = 0 \sim 10.0$ m,平均的迁移距离 $\Delta \bar{x} = 4.7$ m。目前的数值结果与经验公式的估算结果基本一致。最大组合情况下,迁移距离为 $2.0 \sim 16.0$ m,平均 $\Delta \bar{x} = 8.1$ m;最小组合情况下,迁移距离为 $0 \sim 6.0$ m,平均 $\Delta \bar{x} = 2.1$ m。表 6-1 列出了所有情况下的迁移距离[11]。

表 6-1 不同水动力条件下的沙波演化

组 合	迁移距离 (m)	Δx (m) for L				$\overline{\Delta x}$ (m)	$\overline{\Delta H}$ (m)	R_{as}	R_M (%)	R_G (%)
		<60	$60 \sim 70$	$70 \sim 80$	>80					
纯潮流	$0 \sim 4$	1.2	1.3	1.8	0.7	1.3	-0.02	1.15	1.9	-1.4
真实组合	$0 \sim 10$	4.2	3.7	5.8	5.0	4.7	-0.17	1.77	6.7	-11.7
最大组合	$2 \sim 16$	7.5	8.0	9.3	7.7	8.1	-0.23	1.94	11.6	-15.9
最小组合	$0 \sim 6$	1.5	2.6	2.2	2.0	2.1	0.01	1.27	3.0	0.7

值得注意的是,上述沙波的迁移距离对应于所有波峰和波谷的平均迁移值。四种水动力条件下,波峰的迁移距离分别为 1.3 m、6.2 m、10.9 m 和 2.3 m,波谷的迁移距离分别为 1.2 m、3.5 m、5.6 m 和 1.8 m。然后,计算波峰与波谷的迁移距离之比(R_{as}),可以反映沙波在迁移过程中的对称特征。对于纯潮流的情况,R_{as} 值为 1.15,说明波峰和波谷的迁移速率基本相同,在迁移过程中沙波大致保持对称性。在最大组合情况下,R_{as} 值为 1.94,表明波峰的移动速度是波谷的两倍,最大组合情况的作用会导致波形的明显不对称。这主要是因为台风诱导流与潮汐流叠加,产生了较大的残余流,导致前后两个斜坡的输沙量

不同。海流主要维持沙波场,台风引起的强海流是沙波大规模迁移的主要原因。

具体分析了不同波长(L)沙波的运移速率。研究区内沙波平均波长 $L \approx 70$ m。在本研究中定义了四组不同的波长:$L < 60$ m、$L = 60 \sim 70$ m、$L = 70 \sim 80$ m 和 $L > 80$ m。分析计算不同波长情况下的迁移距离,见表 6-1。结果显示,$L = 60 \sim 70$ m 和 $L = 70 \sim 80$ m 的沙波偏移距离最大,说明具有平均波长的沙波最活跃。进一步计算沙波的平均生长速率 $R_G = (\Delta \bar{H} / \bar{H})$ 和平均迁移速率 $R_M = (\Delta \bar{\tau} / \bar{L})$,见表 6-1。结果显示,纯潮流和最小组合情况下的沙波生长速率和迁移速率均小于 3.0%。在真实组合情况下,沙波迁移速率为 6.7%,生长速率为 -11.7%。在最大组合情况下,沙波迁移速率可达 11.6%,生长速率可达 -15.9%。结果表明,在强水动力条件下,如真实组合和最大组合情况下,沙波高度会出现显著的降低。

6.4　台风下沙波移动的经验预测

6.2 节和 6.3 节主要通过 ROMS 数值模型,分析计算了海底沙波在正常海况和极端海况两种不同工况下的局部演化规律,包括沙波高度、沙波迁移距离及沙波的自身形态。本节同样采用 ROMS 数值计算模型,选取我国南海北部珠江口盆地的海底沙波作为研究对象,同样在正常海况和台风作用两种不同条件下研究沙波的整体迁移规律,得出相关结论。

6.4.1　海底沙波基本情况

研究区域位于中国南海北部的珠江口盆地,坐标范围为 20°~22°N,114°~117°E,如图 6-9 所示。该地区的大面积沙波增长非常普遍。本研究的重点是 20°10′~21°30′N、114°30′~115°30′E 之间的区域。重点区域处于大陆架向陡峭的大陆坡过渡的区域,地质结构和沉积历史复杂。图 6-10 显示了研究区域的底层沉积物类型和海底沙波的分布。表层沉积物包含细砂、中砂、粗砂、砂砾、砾石、砂-粉砂-黏土,含钙质生物砂质粉砂等沉积物类型为主。研究区表层沉积物粒度变化的总体趋势为由西北向东南逐渐变粗[2]。

在以往研究的基础上,将沙波的主要特征总结如下:沙波区 Ⅱ 主要发展微型和中型沙波,波高在 0.15~1.5 m,平均为 0.75 m;波长在 21.5~77.8 m,平均为 40 m;沙波的脊线沿直线延伸。Ⅱ 区北部沙波脊线的走向为 NE-SW,陡坡角为 0.7°~2.23°,平均为 1.31°;缓坡角分别为 0.70°、2.33° 和 1.31°;L/H 的最小、平均和最大比率分别为 30.7、61.1 和 121.2;对称性指数介于 1.02~2.33 范围,平均为 1.40,这表明沙波的发展是对称的。Ⅱ 区南部沙波的脊线方向为 NEE 和 NNE。L/H 的最小、平均和最大比率分别为 20.4、52.8 和 91.9;对称性指数在 1.03~3.60 范围,平均为 1.58,Ⅱ 区南部中沙波的对称性接近于精确。2011 年沙波的形态和 2010 年之间变化较小,但结果显示沙波有向东和向南迁移的倾向。多数

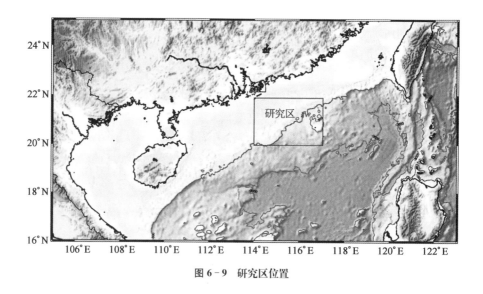

图 6-9　研究区位置

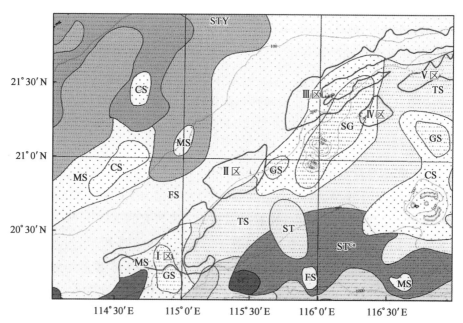

图 6-10　表面沉积物和沙波的空间分布图(红线所包围的区域是沙波区域)(图片引自周其坤等,2018)[2]

注：SG—沙砾；GS—砾砂；CS—粗砂；MS—中砂；FS—细砂；TS—淤泥；ST—沙土；
STY—沙土-黏土；ST^Ca—钙质生物沙土

情况下迁移距离在 10 m 以内,最小迁移距离约为 2.2 m,最大迁移距离为[2]。

　　沙波区Ⅰ主要发展微型和大型沙波。大沙波位于西北方向,波高为 1.69 m,沙波脊线的方向为 NNE 和 NEE,陡坡角为 2.55°～12.3°,平均为 5.26°;缓坡角为 1.58°、5.33°和 2.73°;L/H 的最小、平均和最大比率分别为 2.18、31.2 和 50.0;对称性指数在 1.06～6.55 范围,平均为 2.14。微型沙波位于Ⅰ区南部,沙波的规模和形态特征与Ⅱ区的最小沙波相似。

2010 年 I 区北部的脊线与 2011 年的脊线基本吻合,但部分沙波有向南和向东迁移的趋势,尤其是次级小沙波。迁移距离大多为 10 m 左右,最小距离为 5.8 m,最大距离为 19.1 m。I 区大沙波分布区的地形很复杂。巨型沙波保持不动,而次级沙波在 2010—2011 年有明显的迁移,最小、最大和平均迁移距离分别为 3.2 m、21.9 m 和 12.6 m[2]。

6.4.2　经验公式预测方法

通过 ROMS 模型模拟计算了研究区 2010—2011 年的底部流场数据。为了使海底沙波迁移的计算更加精确,本次底流输出的时间尺度为每小时一次。采用 Rubin 和 Hunter (1982)[16]提出的一个公式来计算沙波的迁移率(以下简称"Rubin 公式")。该理论基于这样的假设:沙波的两侧是斜面,即垂直截面为三角形。简化的公式为

$$c = \frac{2q_s}{H\gamma} \tag{6-10}$$

式中　c——沙波的迁移率;

　　　q_s——泥沙的迁移率;

　　　H——沙波的高度;

　　　γ——泥沙的单位重量。

计算底沙的泥沙径流是利用 Rubin 公式计算沙浪迁移率的关键步骤。本研究选择了 Bagnold 类型的改进型 Hardisty 公式来计算底沙迁移率

$$q_s = k(V_{100}^2 - V_{cr}^2)V_{100} \tag{6-11}$$

式中　V_{cr}——底沙的初始速度;

　　　V_{100}——距离海床 100 cm 处的底流速度;

　　　k——相对于海底浅层沉积物颗粒直径中值的参数。计算方法如下

$$k = 0.1\exp\left|\frac{0.17}{D_{50}}\right| \tag{6-12}$$

通过结合式(6-10)~式(6-12),可以获得计算迁移率的方程式。

6.4.3　正常海况下的沙波迁移

在沙波区 II 和沙波区 I 选取 4 个站位,查明其所在区域的水深、沙波波高、沉积物中值粒径,并计算其起动流速。基于 ROMS 模型模拟得到的底流数据,利用 Rubin 公式,计算其在 2010 年 8 月—2011 年 5 月期间的迁移距离(S)及迁移路径(图 6-11),参数选取及计算结果见表 6-2。

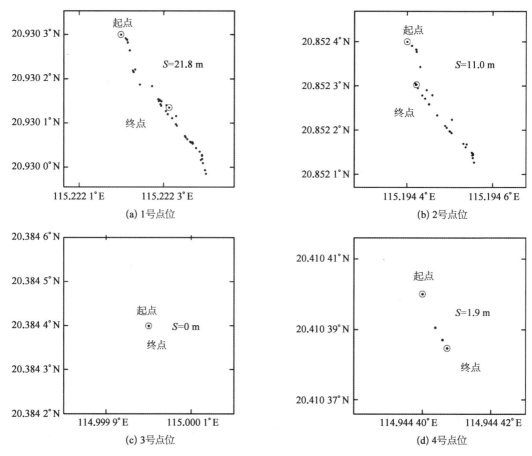

图 6-11　不同地点的沙波迁移距离和路线[2]

注：红色小圆圈表示沙波的起点和终点；黑色的点是沙波的运动轨迹

表 6-2　数值模拟的参数和结果

场　地	地区	深度 (m)	波高 (m)	中值粒径 (mm)	速度 (m/s)	迁移距离 (m)
1	II	121	0.7	0.372	0.364 9	21.8
2	II	125	0.7	0.392	0.368 6	11.0
3	I	190	2.9	2.142	0.570 1	0
4	I	145	1.7	0.654	0.424 3	1.9

　　由表 6-2 可知，计算得出的 1 号点位在 2010 年 8 月—2011 年 5 月期间的迁移距离为 21.8 m。其迁移路径图（图 6-11a）显示：该点在计算期间沙波并不是只向一个方向移动，而是有大致 SE 和 NW 两个方向，且 SE 向迁移量大于 NW 向迁移量，沙波整体迁移方向为 145°，与沙波脊线夹角在 77.5°～122.5°，近似呈垂直关系，说明计算的迁移方向与搜集

所得观测资料吻合较好。

计算得到 2 号点位在 2010 年 8 月—2011 年 5 月期间的迁移距离为 11.0 m。2 号点的迁移路径如图 6-11b 所示。通过比较图 6-11a 和图 6-11b 可以发现：2 号点位的迁移路径和 1 号点位类似，2 号点位在计算期间沙波并没有只向一个方向移动。2 号点位沙波整体向 167°方向迁移，与 ENE 向沙波脊线的夹角为 99.5°，近似呈垂直关系，这与搜集所得观测资料吻合较好。

计算得到 3 号点位在 2010 年 8 月—2011 年 5 月期间的迁移距离为 0 m。沙波区Ⅰ与该点距离较近的沙波的迁移特征和形态特征显示：区域内的巨型沙波在两年间的稳定性保持较好，但在巨型沙波间的次一级沙波中表现出较为明显的位移，次级沙波有向 SE 方向运移的趋势，迁移距离在 3.2～21.9 m。

计算得到 4 号点位在 2010 年 8 月—2011 年 5 月期间的迁移距离为 1.9 m。由图 6-11d 可以看出：沙波整体往 SE 向运移，迁移距离为 1.9 m，迁移方向为 155°，与 ENE 向（平均 49°）脊线的夹角为 106°，近似呈垂直关系，说明模拟计算结果与实测结果吻合较好[2]。

6.4.4　台风作用下的沙波迁移

南海是台风多发海域，一方面由于南海地域广阔，海水温度常年保持在 27℃左右，且南海高空风速较小，满足台风生成条件，所以在南海区域很容易生成台风；另一方面南海通过吕宋海峡与西北太平洋相接，而西北太平洋又是世界上台风影响最大区域，所以西北太平洋台风很容易入侵南海。

2010 年 8 月—2011 年 5 月，经过南海北部的台风主要有 2010 年 6 号"狮子山"、10 号"莫兰蒂"、11 号"凡亚比"、13 号"鲇鱼"等。为了研究台风作用下海底沙波的响应，以 2010 年第 11 号台风"凡亚比"为例探讨南海北部的海底沙波的迁移特征。

ROMS 模拟了"凡亚比"经过南海北部（20°～24°N，114°～120°E）的底流。分析了 A 点（115.222 2°E，20.930 3°N）的流速、流向的时间序列及流速流向分布统计分析。

"凡亚比"由琉球东南海面的一个热带低气压演变而来。这个热带低压于 9 月 15 日 20:00 演变成热带风暴，然后于 9 月 20 日 7:00 在福建古雷镇登陆。9 月 21 日 2:00，"凡亚比"减弱为热带低气压。为了证明"凡亚比"经过时的底流变化情况，分析了 9 月 15—22 日的底流数据，如图 6-12 和图 6-13 所示。在图 6-12a 中，u 是纬度方向的底流分量，其正方向为东向；v 是南北方向的底流分量，其正方向是向北。在图 6-12b 中，蓝色虚线代表流速值，绿线是某个时刻的流向。图 6-13 显示了不同流速下不同方向的分布频率[2]。

从图 6-12b 可以看出，9 月 21 日 1:00 底层流明显增加，极端速度值从 9 月 20 日的 24 cm/s 增加到 44 cm/s；然后振幅增加到 20 cm/s。流动方向主要为 SSW、SW 和 WSW，但对于所有大于 35 cm/s 的流速，其方向为 SE。同时，该地区的其他站点也受到"凡亚比"的影响，并且影响效果和模式类似。研究表明"凡亚比"在一定程度上增加了研究区域的

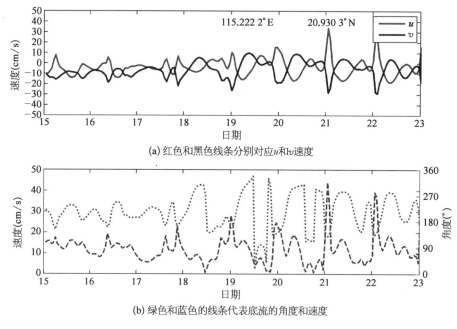

(a) 红色和黑色线条分别对应u和v速度

(b) 绿色和蓝色的线条代表底流的角度和速度

图6-12 A点的流速时间序列[2]

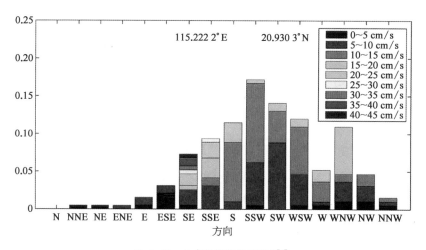

图6-13 A点的流向分布频率[2]

底层流速,且流速大于海底沙波的初始速度。

通过 Rubin 公式计算出沙波在"凡亚比"影响下的迁移率。计算结果表明,在"凡亚比"影响下,站点1和站点2的独立迁移距离为2.0 m和2.9 m,如图6-14所示。计算出的迁移距离占年迁移距离的比例高达9.17%和26.36%,说明台风是南海北部海底沙波迁移的重要因素之一。

此外,一些学者模拟了台风对不同地点的海底沙波迁移的影响,他们得出了基本相同的结论。通过对理论计算和观测数据的分析,其他学者也都提出了台风引起的强

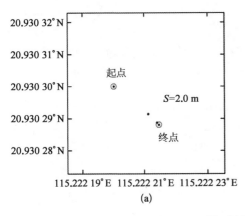
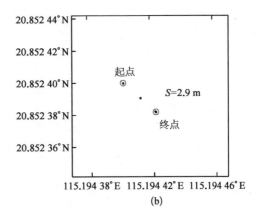

图 6-14　"凡亚比"过境时期的沙波迁移路线[2]

流是沙波大规模迁移的主要原因,并证实了台风过境期间将对海底沙波的迁移产生重
大影响[12]。

参 考 文 献

[1]　孙永福,王琮,周其坤,等.海底沙波地貌演变及其对管道工程影响研究进展[J].海洋科学进展,
　　　2018,36(4):489-498.

[2]　周其坤,孙永福,胡光海,等.南海北部海底沙波迁移规律及其在台风作用下的响应研究[J].海洋学
　　　报,2018,40(9):78-89.

[3]　Warner J C, Sherwood C R, Signell R P, et al. Development of a three-dimensional, regional,
　　　coupled wave, current, and sediment-transport model[J]. Computers & Geosciences, 2008,
　　　34(10):1284-1306.

[4]　边昌伟.中国近岸泥沙在渤海、黄海和东海的输运[D].青岛:中国海洋大学,2012.

[5]　Németh A A, Hulscher S J M H, de Vriend H J. Modelling sand wave migration in shallow shelf
　　　seas[J]. Continental Shelf Research, 2002, 22(18-19):2795-2806.

[6]　Tonnon P K, van Rijn L C, Walstra D J R. The morphodynamic modelling of tidal sand waves on
　　　the shoreface[J]. Coastal Engineering, 2007, 54(4):279-296.

[7]　Wang Z L, Liang B C, Wu G, et al. Modeling the formation and migration of sand waves: The role
　　　of tidal forcing, sediment size and bed slope effects[J]. Continental Shelf Research, 2019, 190:
　　　103986.

[8]　Soulsby R. Dynamics of marine sands: A manual for practical applications[M]. London: Thomas
　　　Telford, 1997.

[9]　Meyer-Peter E, Müller R. Formulas for bed-load transport[C]. Rep. 2nd Meet. Int. Assoc.
　　　Hydraulics Struture Research. Stokholm, Sweden, 1948:39-62.

[10]　Marchesiello P, Mac Williamson J, Shchepetkin A. Open boundary conditions for long term
　　　integration of regional oceanic models[J]. Ocean Modelling, 2001, 3:1-20.

[11]　Zang Z, Xie B, Cheng L, et al. Numerical investigations on the transient behavior of sand waves in
　　　Beibu Gulf under normal and extreme sea conditions[J]. China Ocean Engineering, 2023, 37(2):
　　　1-15.

［12］ 马小川.海南岛西南海域海底沙波沙脊形成演化及其工程意义［D].青岛：中国科学院研究生院（海洋研究所），2013.

［13］ van Gerwen W，Borsje B W，Damveld J H，et al. Modelling the effect of suspended load transport and tidal asymmetry on the equilibrium tidal sand wave height［J］. Coastal Engineering，2018，136：56－64.

［14］ Hulscher S J M H. Tidal-induced large-scale regular bed form patterns in a three-dimensional shallow water model［J］. Journal of Geophysical Research：Oceans，1996，101(C9)：20727－20744.

［15］ Besio G，Blondeaux P，Vittori G. On the formation of sand waves and sand banks［J］. Journal of Fluid Mechanics，2006，557：1－27.

［16］ Rubin D M，Hunter R E. Bedforms climbing in theory and nature［J］. Sedimentology，1982，29(1)：121－138.

第 7 章

深水陆架区海底沙波
数值模拟

南海北部鹿坡陆架区的深水油气田区存在大量的海底沙波，其形成机理和特征与北部湾海域的海底沙波有着本质的不同。南海存在非常强烈的内波活动，许多学者认为内波是南海北部深水陆架区沙波形成和运动的主要因素[1-3]。本章首先通过非静压海洋模型 SUNTANS 对南海北部陆坡海域内波流速进行数值模拟，进一步利用 ROMS 模型对海底沙波运动变化进行数值模拟。本章提供了一种对南海北部陆坡沙波运移的模拟和研究方法。

7.1 内波作用下沙波运动的数值模拟方法

7.1.1 控制方程

在旋转坐标系中，SUNTANS 模型采用涡黏模型，在 Boussinesq 近似下的三维 Navier - Stokes 控制方程为[4]

$$\frac{\partial u}{\partial t} + \nabla \cdot (\boldsymbol{u}u) - fv + bw = -\frac{1}{\rho_0}\frac{\partial p}{\partial x} + \nabla_H \cdot (v_H \nabla_H u) + \frac{\partial}{\partial z}\left(v_V \frac{\partial u}{\partial z}\right) \qquad (7-1)$$

$$\frac{\partial v}{\partial t} + \nabla \cdot (\boldsymbol{u}v) + fu = -\frac{1}{\rho_0}\frac{\partial p}{\partial y} + \nabla_H \cdot (v_H \nabla_H v) + \frac{\partial}{\partial z}\left(v_V \frac{\partial v}{\partial z}\right) \qquad (7-2)$$

$$\frac{\partial w}{\partial t} + \nabla \cdot (\boldsymbol{u}w) - bu = -\frac{1}{\rho_0}\frac{\partial p}{\partial z} + \nabla_H \cdot (v_H \nabla_H w) + \frac{\partial}{\partial z}\left(v_V \frac{\partial w}{\partial z}\right) - \frac{g}{\rho_0}(\rho_0 + \rho)$$

$$(7-3)$$

$$\nabla \cdot \boldsymbol{u} = 0 \qquad (7-4)$$

式中　　t——时间；

u、v、w——速度向量 $\boldsymbol{u}$ 在 x、y、z 方向的分量；

ρ_0——参考密度；

ρ——密度扰动量；

$\rho_0 + \rho$——总密度。

地球旋转导致的科氏力参量在垂直与水平方向分量为 $f = 2\omega\sin\phi$ 与 $b = 2\omega\cos\phi$，相应地，ϕ 为纬度，ω 为地球旋转的角速度，水平与垂直方向的涡黏系数分别为 v_H 与 v_V，水平梯度算子 ∇_H 为

$$\nabla_H = \mathbf{e}_x \frac{\partial}{\partial x} + \mathbf{e}_y \frac{\partial}{\partial y} \qquad (7-5)$$

式(7-1)~式(7-3)中压力 p 为

$$p = p_s + p_h + q \tag{7-6}$$

式中　p_s、p_h、q ——表面气压、静水压力与非静水压力。

密度场由海水状态方程确定

$$\rho = \rho(p,\,s,\,T) \tag{7-7}$$

s 与 T 分别为盐度与温度和参考状态 s_0 与 T_0 的差值，通过以下对流扩散方程对其求解

$$\frac{\partial s}{\partial t} + \nabla \cdot (\boldsymbol{u}s) = \nabla_H \cdot (\gamma_H \nabla_H s) + \frac{\partial}{\partial z}\left(\gamma_V \frac{\partial s}{\partial z}\right) \tag{7-8}$$

$$\frac{\partial T}{\partial t} + \nabla \cdot (\boldsymbol{u}T) = \nabla_H \cdot (\kappa_H \nabla_H T) + \frac{\partial}{\partial z}\left(\kappa_V \frac{\partial T}{\partial z}\right) \tag{7-9}$$

式中　γ_H、γ_V ——水平与垂直方向上的质量扩散系数；

κ_H、κ_V ——水平与垂直方向上的热扩散系数。

在该模型中，忽略了温度分层的影响并假设一个形式为 $\rho = \beta s$ 的方程，这表明密度传输方程可以表示为

$$\frac{\partial \rho}{\partial t} + \nabla \cdot (\boldsymbol{u}\rho) = \nabla_H \cdot (\gamma_H \nabla_H \rho) + \frac{\partial}{\partial z}\left(\gamma_V \frac{\partial \rho}{\partial z}\right) \tag{7-10}$$

7.1.2　湍流模型

1）垂向涡黏系数

该模型使用 Mellor - Yamada 2.5 阶湍流模型求解垂向涡黏系数与涡扩散系数[5]，表达式如下

$$\frac{\partial q^2}{\partial t} + \boldsymbol{u} \cdot \nabla q^2 = \frac{\partial}{\partial z}\left(qlS_q \frac{\partial q^2}{\partial z}\right) + 2K_M\left[\left(\frac{\partial u}{\partial z}\right)^2 + \left(\frac{\partial v}{\partial z}\right)^2\right] + \frac{2g}{\rho_0}K_H\frac{\partial \rho}{\partial z} - \frac{2q^3}{B_1 l} + F_q \tag{7-11}$$

$$\frac{\partial q^2 l}{\partial t} + \boldsymbol{u} \cdot \nabla (q^2 l) = \frac{\partial}{\partial z}\left(qlS_q \frac{\partial q^2 l}{\partial z}\right) + lE_1 K_M\left[\left(\frac{\partial u}{\partial z}\right)^2 + \left(\frac{\partial v}{\partial z}\right)^2\right] + \frac{lE_1 g}{\rho_0}K_H\frac{\partial \rho}{\partial z} - \frac{q^3}{B_1}\widetilde{W} + F_l \tag{7-12}$$

式中　$q^2/2$ ——湍流动能；

l ——湍流特征长度；

F_q、F_l ——水平扩散项；

$\widetilde{W}$ ——壁面近似函数，表达式如下

$$\widetilde{W} = 1 + E_2\left(\frac{l}{\kappa L}\right)^2 \tag{7-13}$$

$$\frac{1}{L} = \frac{1}{(h-z)} + \frac{1}{(H+z)} \qquad (7-14)$$

式中　h、H——水位与静水深度；

　　　κ——冯卡门常数，取 $0.41^{[6]}$。

K_M 与 K_H 分别为垂向涡黏系数与垂向涡扩散系数，表达式如下

$$K_M = lqS_M \qquad (7-15)$$

$$K_H = lqS_H \qquad (7-16)$$

式中　S_M、S_M——稳定函数。

2) 水平涡黏系数

SUNTANS 原始程序中水平涡黏系数采用常数，因为地形与网格的变化，采用 Smagorinsky 模型对水平涡黏系数进行计算

$$V_H = \frac{1}{2} C_s A \left[\left(\frac{\partial u}{\partial x} \right)^2 + \frac{1}{2} \left(\frac{\partial u}{\partial y} + \frac{\partial v}{\partial x} \right)^2 + \left(\frac{\partial v}{\partial y} \right)^2 \right]^{1/2} \qquad (7-17)$$

式中　C_s——Smagorinsky 常数；

　　　A——单元面积。

黏性系数为标量，定义在三维单元体中心，采用格林公式在单元体内对流速偏导项计算，计算方法如下

$$\nabla \phi = \frac{1}{A} \int_A \nabla \phi \, \mathrm{d}A = \frac{1}{A} \oint_S \phi \boldsymbol{n}' \, \mathrm{d}S = \frac{1}{A} \sum_{m=1}^{N_s} \phi_m \boldsymbol{n}' \, \mathrm{d}f_m \qquad (7-18)$$

ϕ 为 u 或 v，在坐标两个方向进行投影得到两个方向的流速偏导项

$$\left(\frac{\partial u}{\partial x} \right)_i = \frac{1}{A_i} \sum_{m=1}^{N_s} u_m n_{1m} N_m \mathrm{d}f_m \qquad (7-19)$$

$$\left(\frac{\partial u}{\partial y} \right)_i = \frac{1}{A_i} \sum_{m=1}^{N_s} u_m n_{2m} N_m \mathrm{d}f_m \qquad (7-20)$$

$$\left(\frac{\partial v}{\partial x} \right)_i = \frac{1}{A_i} \sum_{m=1}^{N_s} v_m n_{1m} N_m \mathrm{d}f_m \qquad (7-21)$$

$$\left(\frac{\partial v}{\partial y} \right)_i = \frac{1}{A_i} \sum_{m=1}^{N_s} v_m n_{2m} N_m \mathrm{d}f_m \qquad (7-22)$$

计算结果表明，使用该水平涡黏系数的计算方法使得模型计算更加稳定，尤其是流速变化较大的区域。

7.1.3　网格设置

该模型使用的网格为无结构化的有限体积棱柱体网格,将其定义为三维 z 坐标网格,垂直网格间距在水平方向不发生变化,分层进行计算。如图 7-1 所示,网格由一个二维 Delaunay 三角剖分组成,一个三角形的点集不在任何其他三角形的外接圆内部,与 Delaunay 三角剖分对应的是 Voronoi 图,它连接 Delaunay 三角外心。Voronoi 点构成 Voronoi 图的节点,连接 Voronoi 点的边垂直于 Delaunay 三角形的面,从而形成一个正交无结构化网格,该模型假设所有离散都满足这一正交情况。为方便表述,将水平网格的三角形称为单元,将各单元在垂向的各层棱柱体称为三维单元。如图 7-2 所示,水平速度 U 与三维单元垂向面垂直,并定义在面中心,垂向流速 w 定义在各单元顶部和底部 Voronoi 点上,并与之垂直,涡流黏度、标量扩散系数、标量如 q、s、T 和非静水压力定义在三维单元体中心。

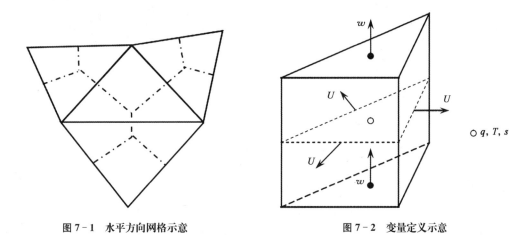

图 7-1　水平方向网格示意　　　　　图 7-2　变量定义示意

定义每个垂直面具有编号 j,且其对应的法向量为 n_j,当水平流速 U_j 与法向量方向相同时为正,反之为负,u_j 为 j 面上的速度矢量,即

$$u_j \cdot n_j = U_j \tag{7-23}$$

SUNTANS 模型中以三角形的外心作为单元的中心。若相邻三角形单元最大角为直角或接近直角时,会导致中心落在最大角对应的边上或接近边,两单元中心则重叠或十分接近,这会影响模型计算的数值稳定性。因此在生成网格的过程中应该尽量避免相邻直角三角形的出现。但实际上由于现实地形多种多样,如岛屿等地形边界十分复杂,所以需要对生成的网格进行修正。该模型中采用的修正方法为对全体三角形单元进行扫描,设定一个临界角度,当出现大于临界值的三角形单元将其中心从外心设置为重心处。

7.1.4　内波设置参数

以南海 P 平台为例,因模型所研究区域为南海北部陆坡,处于 $200 \sim 1\,000$ m 较为浅水部分,需要较高的模拟精度,而对深水部分的内波模拟效果不甚关注,但由于内波由吕宋海峡经过海盆传播过程无法忽略,因此需要对垂向网格进行调整,垂向分为 100 层,对表面 220 m 网格进行局部加密,为 5 m 每层,即前 45 层为等厚层,后 55 层为渐变层,比值约为 1.08,底层约为 480 m。水平网格在开边界处约为 4 km,对岛屿附近进行加密约为 1 km。地形数据来自 ETOPO1 数据库,精度为 1/60°,开边界处流速与水位通过俄勒冈州立大学建立的 TPXO 全球潮波预报模型的 OSU Tidal Inversion Software(OTIS)中的中国海范围获取,精度为 1/30°。如图 7-3 所示,垂向上初始的温度与盐度数据通过实测数据插值得出,并在开边界处设置 5 km 的海绵层对内波进行吸收避免反射作用。计算时间步长根据模型所使用的水平网格是否局部加密与加密程度有所变化,对于不进行局部加密的网格使用 15 s 的时间步长,考虑到计算稳定性,局部加密的网格使用 7.5 s 的时间步长[7]。

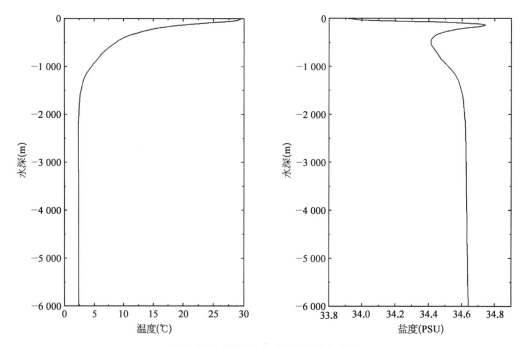

图 7-3　初始温度与初始盐度场垂向分布

南海北部陆坡处的内波产生自吕宋海峡处正压潮与复杂地形相互作用,故本节所使用的模型范围东至吕宋海峡东侧,西至东沙群岛西侧,因内波在深水处传播过程中能量几乎不发生耗散,而从深水到浅水传播的过程中,坡度变化较大,地形对内波的影响越来越大,随着水深变浅内波的流速与振幅也相应减小,故浅水部分网格的精度对于内波传播的模拟效果起到重要作用,为了保证模拟的精确性,对从深水到南海陆坡区域的网格进行从疏到密的渐进式加密,而对于浅水区的某平台所在的沙波区的网格进行平均加密。如图 7-4 所示为 SUNTANS 模型模拟区域及网格局部加密示意。考虑到计算效率与成本,采用陆坡区网格 1 500～200 m 渐进加密,沙波区网格 200 m 平均加密的方式对南海北部陆坡进行局部加密,对南海东北部到北部陆坡区域范围的海域进行数值模拟。

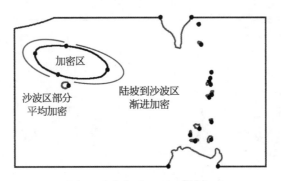

图 7-4　模拟区域及网格局部加密示意

7.1.5　验证效果

本节将通过图 7-5 所示若干位置的模拟结果与实测数据进行对比验证,证明 SUNTANS 模型和 ROMS 海洋模型对于该海域模拟效果的准确性,此处仅列举代表性的结果进行说明[7]。

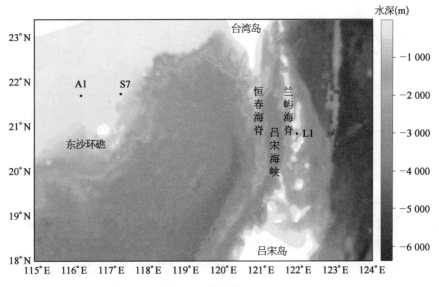

图 7-5　模型验证点示意

图 7-6 所示为 A1 点在 5 月 24—30 日时段模拟所得流速投影在沙波运动方向上的流速结果,可以看出从流速数值的大小、流速曲线的相位角度模拟结果都与实测结果较为吻合,对于从小潮到大潮这一过程的模拟也与实际情况相符。

使用 P 平台测点处实测流速与 SUNTANS 模拟所得的一周流速分别对实测沙波地形进行驱动,如图 7-7 所示为实测与模拟流速驱动沙波高程变化对比,可以发现对于该截面沙波高程值的变化普遍模拟效果较好,误差在 20% 以内,且相位对照也很准确,趋势一致为向海。

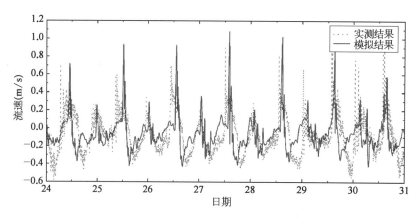

图 7 - 6　A1 点实测点处沙波方向流速模拟结果与实测结果对比

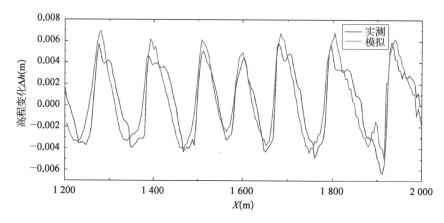

图 7 - 7　实测与模拟流速驱动沙波高程变化对比

　　本节提出了使用非静压模型 SUNTANS 对南海北部陆坡的内波影响下的流速进行模拟,并将其作为输入流速驱动 ROMS 模型,模拟实测沙波地形在模拟流速下的变化。根据分别使用实测流速与模拟流速驱动沙波运动所得高程变化的对比,可以说在整体上本节提出的模拟内波流作用下南海北部陆坡海底沙波的数值模拟方法具有较高精度与可行性,该方法在原本 ROMS 海洋模型能够模拟潮流影响下的沙波运动的基础上,可以进一步对内波作用下沙波运动进行模拟,但同时需要考虑到因为内波受制于地形精度的影响,在某些位置由于地形的差异模拟所得的结果与实际上的数值将会存在误差,因此也需进行实地考察与数值模拟相结合,令结果更加准确,且数值模拟在保证高效的前提下需要较高的计算资源,这也是需要作为成本进行考虑的。该方法具有能够同时模拟多个位置、对难以探测位置进行模拟、节省时间金钱成本等优势,能够对实际工程进行方案制订指导、施工方向建议、施工窗口期决定等起到帮助,也为同类问题的解决提供了一种新的思路。

7.2　陆坡上内波传播过程与沙波运动研究

本节将使用非静压模型 SUNTANS 通过数值模拟的方法研究内孤立波从南海北部上陆坡至大陆架的传播浅化过程中的形态变化,通过模拟南海北部上陆坡到陆架上不同地形水深位置处流速剖面的变化研究内孤立波形态变化对流速的影响,最后通过模拟所得的底流流速计算在内波流作用下的陆坡至大陆架上不同地形水深位置点处底面剪切应力,对输沙量进行定性预测,讨论沙波运动与水深之间的关系。

7.2.1　内孤立波的分裂现象与极性转换现象

内波从海盆深水位置到陆坡处再到大陆架的传播过程被称为内波的浅化过程,在内波的浅化过程中会发生形态改变的情况,导致内波的波长、振幅、周期、底流运动方向发生改变,探求这一系列的变化规律对于南海北部陆坡的沙波运动的预测同样具有极高的价值。而在内波浅化过程中对于沙波影响较大的主要是内孤立波的分裂现象及极性转换现象。

内孤立波的分裂现象是指在单个振幅较大、波长较长、周期较长的内波被分裂为振幅小、波长短、周期短的若干个小型内波的现象。对于南海北部的分裂现象研究主要可以分为两种,如图 7-8 所示,一是基于遥感图像对内波经过东沙群岛受到阻碍后,内波发生分裂并且反射,绕射以向西与向北两个方向传播,经过阻碍后再次交汇的现象的研究,徐宋昀等[7]研究了单个有序型的内波在经过东沙群岛的浅化过程中变为若干个复杂性的波群的过程、内波形态特征、能量的变化过程。对于本节所研究南海北部陆坡 P 平台的沙波,其位于东沙群岛西南侧,正是经过了内波浅化过程中的分裂后的位置,因此该位置的沙波受到的内波影响不仅是单一的内波,而是受到分裂后的内波,其导致的底流流速虽然可能

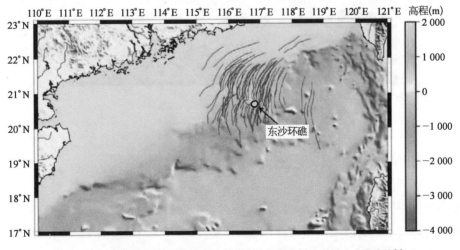

图 7-8　MODIS 遥感影像所得经过东沙群岛的内波分布图(修改自徐宋昀等[8])

小于分裂前的单一内孤立波,但经过分裂后受到内波影响的时间将会增加,其影响可能不再是短时间内的剧烈变化而是较长周期内的变化,因此不同水深处的内波分裂情况的研究对于南海北部陆坡沙波的运动同样具有意义。

将海洋视为上下密度不同的水体,在内孤立波浅化过程中,随着地形水深逐渐减小,当上下两层水深相近时,其形态由南海海域中存在最为广泛的下凹形状的波形转化为上凸形状的波形的现象被称为内孤立波的极性转换现象。如图 7-9 所示,根据 MODIS 的遥感影像统计数据,南海中上凸型内波的数量远少于下凹型。徐宋昀等[8]对这两种极性内波的形态特征进行了对比,发现相较于大量存在、振幅大、波宽大的下凹型内波,上凸型内波振幅只有 10 m 左右,波宽为 560 m 左右。内孤立波的极性转换不仅是内孤立波的形态变化,其对于沙波运动同样存在重大影响,根据国内外学者通过大量的水槽实验与数值模拟所总结的内波极性转换的水动力规律,对于下凹型的内波,内波导致底流的方向与内波的传播方向相反,即在内波经过时,海底沙波表面将遭遇沿陆坡向下的 SE 方向强流,产生沿陆坡向下的剪切应力,沙波呈现向海运动的趋势,这与前文所研究的 P 平台处沙波的变化规律一致,在内波作用强的月份,沙波运动均呈现向海运动的趋势,底流流速在内波经过期间的突变值均发生在 SE 方向,这说明该位置处于内波极性尚未发生变化或还未发生完全变化的位置。相反,当发生极性转换后,波形转换为上凸型,底流方向与内波传播的方向相同,即在内波经过时,海底沙波表面遭遇 NW 方向沿陆坡向上的海流,产生沿陆坡向上的剪切应力,底流流速在内波经过期间的突变值均发生在 NW 方向,沙波呈现向岸运动的趋势。这解释了在内波期间不同水深位置海底观测底流的方向相反的现象,并且内波会增强底流底流,上凸型与下凹型两种不同极性的内波分别导致了向岸移动与向海移动的两种沙波。因此对于南海北部陆坡上沙波的运动来说,内波的极性预测同样十分重要。

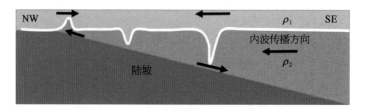

图 7-9 内波浅化过程中的极性转换现象示意

7.2.2 南海北部陆坡内孤立波浅化过程数值模拟

图 7-10 所示为南海北部陆坡上陆坡水深较浅区域到陆架区域 5 月 15 日 1:00 时刻的温度等值线图。发现这一时刻可以将内孤立波根据极性划分为 ABC 三类:A 类,从深海海盆处传播而来明显的下凹型内波,振幅约为 70 m;B 类,位于水深 150 m 处,总体呈现为下凹型内波,振幅为 20~30 m,但波尾处已经呈现出上凸型内波的雏形;C 类,位于水深

100 m 以上,呈现为上凸型内波,振幅约为 10 m,下凹型内波几乎消失不见。除了极性的区别之外,可以发现 A 类内波的"丁字形"波形较为单一,附近等值线也较为平滑,几乎没有发生分裂;而在水深 400～150 m 范围的内波除了明显的"丁字形"形状以外,在附近的等值线也存在波动,在 B 类内波位置最为明显,说明内孤立波在浅化过程中发生了分裂现象,振幅减小,相应地引起的底流流速也会减小,但波形变宽,传播速度变慢,内波作用时间将会大大增加,而在 C 类内波存在的区域除了上凸的丁字形外的波形重新变为平滑,分裂现象相应减少,但由于内波的传播速度大大减小,内波作用时间增加,因此此位置受到的内波作用也不容忽视[7]。

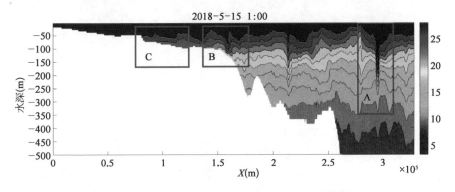

图 7 - 10　2018 年 5 月 15 日 1:00 内波浅化温度等值线图

图 7 - 12 显示了大陆斜坡内波浅化过程中不同时间时刻 P1(图 7 - 11)断面等温线的变化情况。图中用箭头表示的特定内波从深水向浅水的传播。在图 7 - 12 a 和 b 中,内波在深海中传播超过 150 m,有一个丁字形的凹陷界面。等温线具有尖峰,内波振幅可达 80 m。在图 7 - 12c 中,内波从 150 m 水深处传播到 100 m 水深处的传播过程中下凹型内孤立波逐渐消失,丁字形前方的波形坡度变缓,丁字形后方逐渐出现若干振幅较大的上凸型内波。当内孤立波从 100 m 水深处到 80 m 水深处的传播过程中,上凸型内孤立波的小型丁字形振幅逐渐消失;从 80 m 水深处向上传播过程中,重新出现了单一的丁字形上凸型内孤立波,振幅约为 10 m,如图 7 - 12d 和 e 所示。随着水深的减小,内波振幅逐渐减小。当水深小于 30 m 时,内波消失。纵观单个内孤立波浅化过程,单一下凹型内孤立波经历了分裂、极性转换、生成复杂型内波、分裂内波消失、最终形成单一性上凸型内孤立波的过程,且在约 50 m 水深处内孤立波完全消失,不再出现较大振幅的波动。上述浅化过程中凹陷内波向隆起内波的转换称为极性转换,极性转换通常会引起底流方向的改变,从而导致沙波的迁移方向发散。

可以发现内孤立波的极性转换不是一个瞬时的过程,而是一个复杂的转换过程,非线性强,所以位于内波极性转换区域的沙波运动较为复杂。为了探究内波浅化过程对南海北部陆坡不同水深处底流流速的影响,如图 7 - 11 所示,以 P 平台处实测沙波运动方向(131°)在南海北部从上陆坡(1 300 m)至陆架选取一个截面,对该方向上内波的浅化过程中

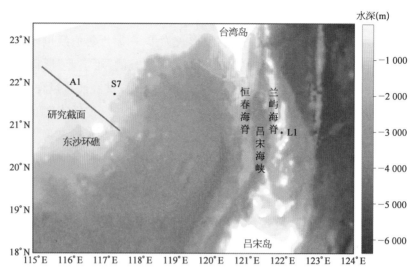

图 7-11 南海北部陆坡研究截面示意图

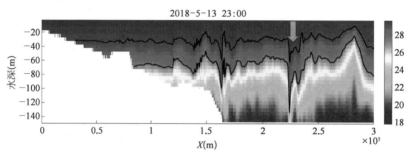

(a) 2018年5月13日23:00时内孤立波浅化温度等值线图

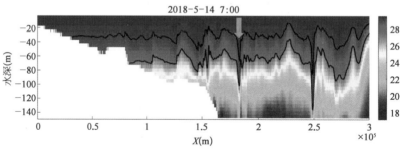

(b) 2018年5月14日7:00时内孤立波浅化温度等值线图

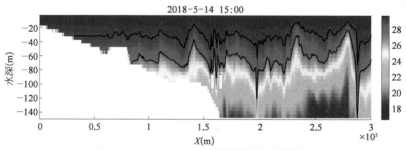

(c) 2018年5月14日15:00时内孤立波浅化温度等值线图

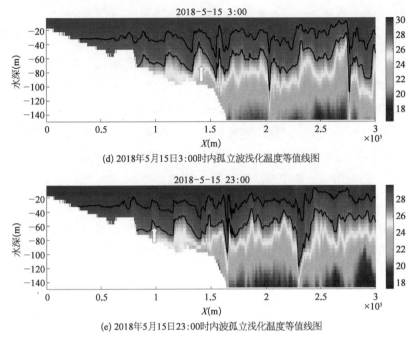

(d) 2018年5月15日3:00时内孤立波浅化温度等值线图

(e) 2018年5月15日23:00时内波孤立化浅化温度等值线图

图 7 - 12　南海北部陆坡与陆架上方内孤立波浅化过程温度等值线图

不同水深位置垂向流速剖面的变化进行模拟研究,研究内波作用期间不同位置的流速剖面曲线的变化规律。如图 7 - 13 所示,在截面上选取若干个研究点,根据上文的研究,对于 200～300 m 以下的南海北部上陆坡区域,内波没有发生极性转换,普遍为下凹型内孤立波,形态较为单一,因此依次设置 1～8 号点对下凹型内孤立波控制区域的流速进行模拟,而对于 100～200 m 水深区域的内波形态较为复杂,所以对于 9～11 号点附近设置共 16 个点对于该范围内的介于下凹型与上凸型内孤立波的转换过程影响下的流速进行模拟,对于 100 m 水深以上的区域,依次设置 12～17 号点对上凸型内孤立波控制的区域与内波消失的区域的流速进行模拟[7]。

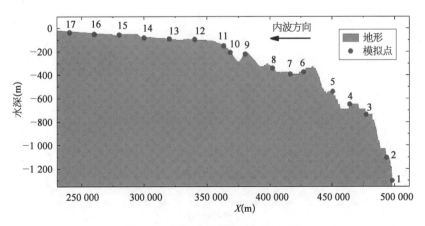

图 7 - 13　南海北部陆坡截面研究点示意

以下列出一些具有代表性的点的数据结果。如图7-14a和b所示,在1 300～300 m水深范围内,该区域的内孤立波总体上为单一的下凹型内孤立波,海底的底流均为正值,即向SE方向沿南海北部陆坡向下流动,与内孤立波传播方向相反,且均为典型的第一模态的海洋内波,即海底与海面水平方向流速相反。图7-14c～h在300～150 m水深范围内,速度剖面同时显示出下凹型和上凸型。然而,在速度剖面之间也有很小的差异。在图7-14c和d中,水深范围为250～300 m,正方向底流速度强于负方向底流速度,说明内波以下凹型为主。在图7-14e和f中,即水深范围为250～200 m,两个方向的底流速度基本相等,说明下凹型内孤立波与上凸型内孤立波引起的流速绝对值相差较小,属于均势区。在200～150 m水深范围内,内波以上凸型为主,负底流强于正底流,如图7-14g和h所示。在150～80 m深度范围内,总体上该区域的内孤立波为单一的上凸型内孤立波,海底的底流均为负值,即向NW方向沿南海北部陆坡向上流动,与内孤立波传播方向相同,为典型的第一模

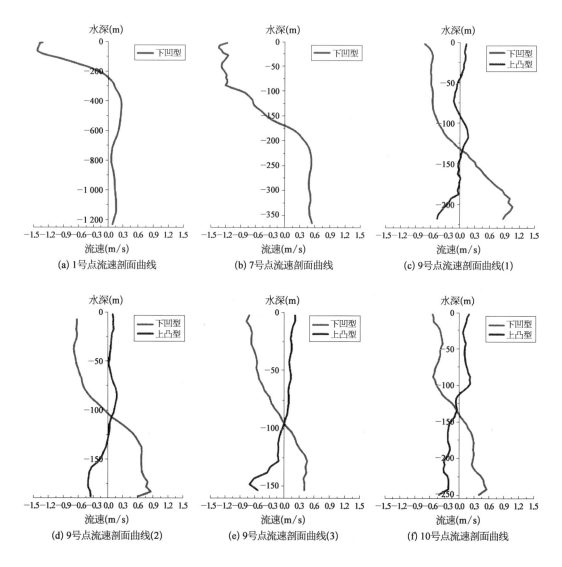

(a) 1号点流速剖面曲线

(b) 7号点流速剖面曲线

(c) 9号点流速剖面曲线(1)

(d) 9号点流速剖面曲线(2)

(e) 9号点流速剖面曲线(3)

(f) 10号点流速剖面曲线

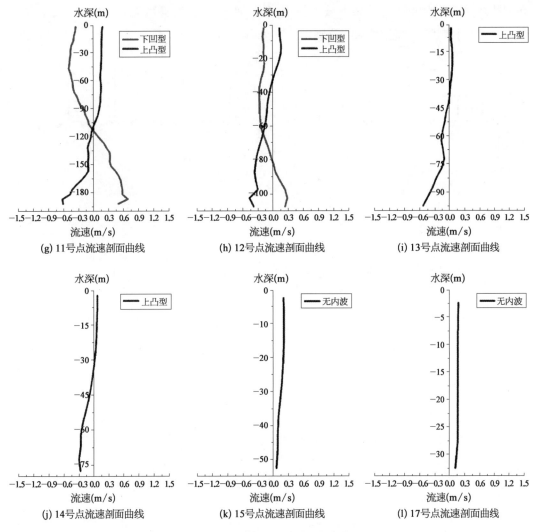

图7-14　大陆斜坡上内波浅化的速度剖面

态的海洋内波,海底与海面水平方向流速相反,如图7-14i和j所示。在80～30 m水深区间,内孤立波已逐渐消失,速度剖面呈现出潮流的特点,海底与海面水平方向流速相同,底流流速接近0,整体遵循从海面到海底逐渐减小的规律,如图7-14k和l所示。

总的来看,根据对于南海北部陆坡截面不同地形水深位置点的模拟,内孤立波的极性转换现象从陆坡地形水深为300 m左右的位置开始出现,80～100 m的地形水深位置消失不见,且不同于下凹型内孤立波导致的密度跃层上方流体流速总体大于下方,上凸型内孤立波导致密度跃层上方流体流速小于下方[7]。

图7-15进一步展示了底部流速的时间序列,与图7-14中速度剖面的六种模态相对应。在图7-15a中,底部流速呈下坡方向,对应于图7-14a、b所示的下凹型内波。在图7-15b中,正向流速值很大,负向流速值很小,对应于图7-14c、d所示的下凹型内波主

导的状态。随着内波在大陆架上坡传播,底部流速分别呈均势状态,上凸型内波主导状态,上凸型内波状态和潮汐模式,分别如图7-15c～f所示。

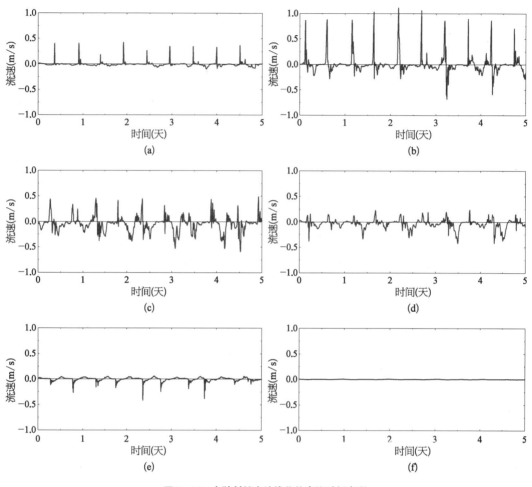

图7-15 大陆斜坡内波浅化的底流时间序列

7.2.3 南海北部陆坡沙波泥沙运动研究

沙波的运移本质上是海床上方泥沙受到剪切应力后起动进行了泥沙的输运,不同类型的陆坡底流流速导致了不同的输沙特征。在此基础上,通过对床层剪切应力和床层搬运的计算,探讨南海北部陆坡沉积物运动的一般特征。

1) 床层剪切应力

在沿大陆斜坡的床层剪切应力计算中,有两个假设:① 沿南海北部陆坡统一设定沉积物粒径 $D_{50} = 0.45$ mm,根据 Soulsby 和 Whitehouse[9] 的经验公式,得到统一的临界剪切应力 $\tau_{cr} = 0.24$ N/m^2;② 底部剪切应力 τ_b 采用对数函数计算

$$\tau_b = \frac{\rho \kappa^2 u \mid u \mid}{\ln^2 (z/z_0)} \qquad (7-24)$$

其中 $\kappa = 0.41$ 是冯卡门常数。在本研究中,使用最接近海底的垂直网格上的速度来计算床层剪切应力。z 的值取决于靠近海床的水平层的厚度,本次模拟取底部 $z_0 (=d_{50}/12)$ 的粗糙度为 3.8×10^{-5} mm。

如图 7-16 所示,选取沿 P1(图 7-13)大陆坡横截面从深到浅 16 个位置的底部水流速度,对应的床面剪切应力由式(7-24)计算。如图 7-16 所示,底部流速一般为正负两种值,说明床层剪切应力在上坡方向和下坡方向交替变化。因此,给出了每个点在上坡方向(τ_{max-})和下坡方向(τ_{max+})的最大剪切应力,两个方向的临界床层剪切应力 $\tau_{cr} = \pm 0.24$ N/m² 也绘制在图中。超过临界值的下坡床层剪切应力主要分布在 3~10 点,超过临界值的上坡床层剪切应力主要分布在 9~12 点。点 1、2、13、14、15、16 处的最大床层剪切应力始终小于临界值[7]。

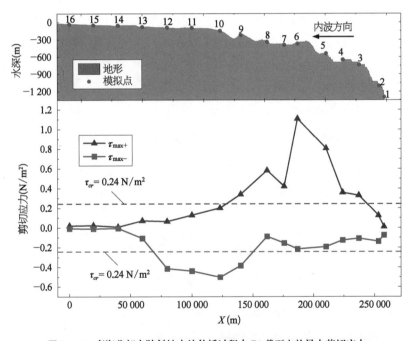

图 7-16　南海北部大陆斜坡内波传播过程中 P1 截面上的最大剪切应力

图 7-17 进一步显示了最大床层剪切应力随水深 1 300~30 m 的变化情况。可以看出,在陆坡水深 1 000~150 m 范围内(即 3~10 点),下坡最大床层剪切应力均大于临界值,这是下凹型内波引起的。内波在大陆坡上传播过程中,下坡方向的最大床层剪切应力先增大,在水深约 550 m 处(点 6)达到峰值,然后随水深的增加而减小。在 1 300~300 m 水深范围内,上坡方向的最大床层剪切应力基本稳定在 0.05~0.20 N/m²。当内波在 300 m 深度内传播到浅海时,发生极性转换,转化为上凸型内波。当水深从 300 m 增加到 150 m 时,上

坡方向的床层剪切应力从 0.1 N/m² 增加到 0.6 N/m²；在水深 150 m 时达到最大值，之后由于内波的减弱，床层剪切应力随着水深的减小而迅速减小。在水深 50～60 m 时，内波对底部的影响完全消失[7]。

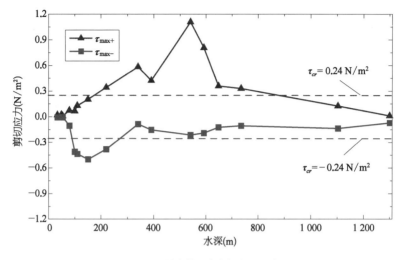

图 7 - 17　最大剪切应力与水深的关系

2) 推移质输沙率

从图 7 - 17 可以看出，内波在陆坡上的传播过程中，床层剪切力有正有负，导致海底沉积物输移情况复杂。在此基础上，进一步对大陆斜坡上的床质输沙速率进行研究。单位宽度体积输运率 q_b 可由下式计算[10]

$$q_b = \Phi\sqrt{(s-1)gD_{50}^3} \tag{7-25}$$

式中　Φ——无量纲床层输运率，这里采用 Meyer - Peter 和 Müller 的经验公式[11]

$$\Phi = 8(\theta - \theta_{cr})^{1.5} \tag{7-26}$$

式中　θ、θ_{cr}——泥沙颗粒运动的 Shields 参数及其临界值。

Shields 参数由床层剪切应力计算得到

$$q_b = \Phi\sqrt{(s-1)gD_{50}^3} \tag{7-27}$$

关键 Shields 参数由 Soulsby 和 Whitehouse[9] 的经验公式得到。

根据上述公式，计算了沿大陆斜坡不同位置的体积输运速率。由于计算成本较大，目前模拟的内波在大陆斜坡上的传播时间为一周，因此根据得到的海底流速估算了一周内海底单位宽度的质量输运。如图 7 - 18 所示，Q_{b+}、Q_{b-}、Q_{bm} 分别表示下坡输沙量、上坡输沙量和净输沙量。在水深大于 650 m 或小于 80 m 时，一般不存在海底内波引起的沉积物运移。下坡输沙在 200～650 m 水深范围内占主导地位,对应下凹型内波主导的模式,即底部水流方向与内波传播方向相反。在 80～200 m 水深范围内,坡面以上坡输沙为主,对应上凸型内波主导的模式,即底部水流的方向与内波的传播方向相同。上述泥沙输运特征与南海北部陆坡沙波运动的野外观测基本一致,即在深海与极性转换区之间,沙波的运动趋势是向海方向移动,而在相对较浅的水域,沙波则是向海岸方向移动。在极性转换区,沙波运动在海底呈现多种方向。在本次模拟中,由于区域海洋模型中网格尺寸较大,因此分析了大陆斜坡上泥沙输移的总体趋势,并假设泥沙粒径均匀。此外,根据现场观测,内波引起的海底流速在不同月份有不同的数值。为了准确预测斜坡上特别是极性转换区域的沙波运动,还需要一个具有高分辨率地形扫描数据和内波诱发的实时底流的特定沙波模型[7]。

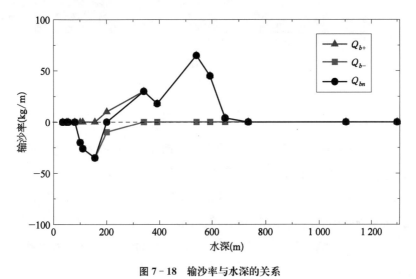

图 7-18　输沙率与水深的关系

7.3　基于内波引起的实测流速下的沙波数值模拟

沙波的运动会导致海底管道和缆线的掩埋或是悬空,导致管道与缆线的屈曲、断裂或是难以定位,且沙波的运动还会引起油田钻井平台基础的倾斜垮塌等重大危险情况,所以沙波的运动对海洋油气平台的搭建影响的风险评估成为重要的研究项目。如图 7-19 所示为南海 P 平台所位于的沙波研究区,正如前文所提到的在该位置存在大量的源自吕宋岛的内波,其对于沙波运动的影响也是需要考虑的重要因素,因此本节将基于研究区域的实测地形和 ROMS 海洋模型,使用当地 2017 年 7 月—2018 年 5 月的实测流速进行驱动,通过每个月流速的大小与方向、沙波地形高程的变化、平台桩腿处地形的变化等方面的研究对于实际工程施工窗口期的选取等方面提出建议,并研究该平台区域局部的海床变化规律,包括自然状态下的沙波运移及场址整平之后的发展趋势,为平台场址施工方案提供依据[12]。

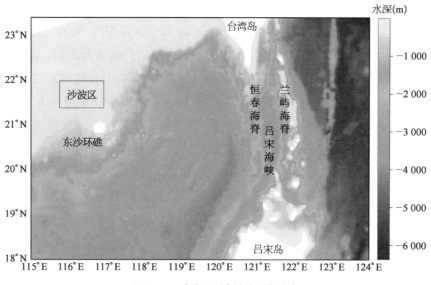

图 7 - 19 南海 P 平台沙波研究区域

7.3.1 流速分析

在 P 平台处研究区域,使用声学多普勒流速剖面仪(ADCP)在多处位置建立测站,对底层海流数据进行了测量,如图 7 - 20~图 7 - 22 所示为三处测量结果,不同于 L1 测站的测量结果,L2、L3 处的流速明显较大且呈现周期性的突变值,根据其波形特征可以判断除了潮流作用,该两测站还受内波作用影响,较高的流速具有导致泥沙起动、沙波运动的可能,因此本节采用内波影响最强、流速最大的 L3 测站处的实测流速作为驱动,对平台区域的海床地形变化进行预测,对不同时间段的地形高程变化模拟结果进行比较分析,研究海床地形随时间在不同月份的变化规律。

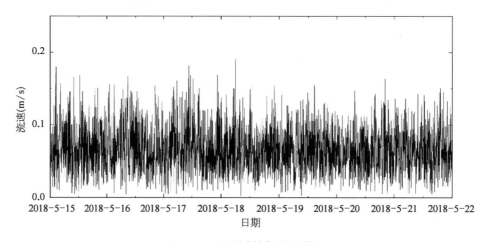

图 7 - 20 L1 测站处底层海流数据

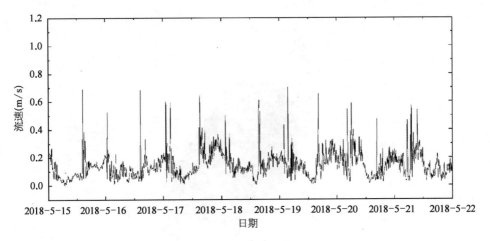

图 7 - 21　L2 测站处底层海流数据

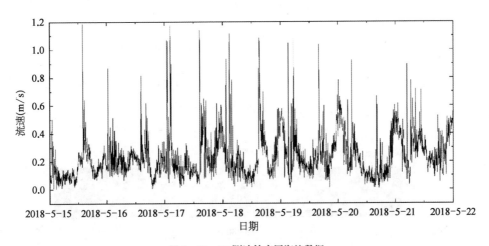

图 7 - 22　L3 测站处底层海流数据

根据实测流速大小与方向分布,发现在大多数月份流速的内波特性十分显著,如图 7 - 23 所示为测站处 2018 年 1 月典型的流速分布玫瑰图(其余月份趋势相似,这里不再列出),最大流速主要集中在 NW - SE 方向,在其他方向的速度较小,基本小于泥沙的起动速度,因此海床泥沙和沙波的运动也将以 NW - SE 方向为主,根据实测地形结果显示该地沙波的波峰线为 NE - SW 方向,基本与主要流速方向相垂直,这也与已有研究观点相吻合。

7.3.2　模型设置

基于上述流速分析,建立沙波海床理想水槽模型。计算区域为 3 200 m×400 m 的矩形区域,走向与最大流速方向(NW - SE)一致,平台区域位于计算域中心。模型水平方向采用计算正交曲线网格尺寸为 4 m×4 m,考虑到计算效率与模拟结果稳定性,计算时间步长 0.5 s。垂向西格玛网格分层为 30 层,在底部进行局部加密,泥沙中值粒径 D_{50} 为 0.45 mm,泥沙沉降速度 W_{SED} 为 15 mm/s,床面侵蚀速度 R_{ATE} 为 $5×10^{-3}$ kg/(m^2 · s),

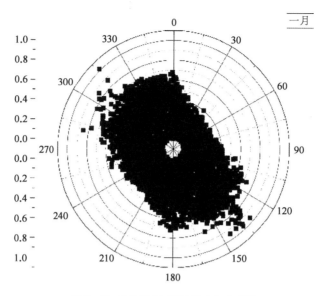

图 7 - 23 沙波研究区域流速分布玫瑰图

泥沙起动临界剪切应力 C_E 为 $0.15\,\mathrm{N/m^2}$，平台桩腿间距为 $80\,\mathrm{m} \times 80\,\mathrm{m}$ 尺寸的正方形。计算范围如图 7 - 24 所示，计算区域的三维地形如图 7 - 25 所示。

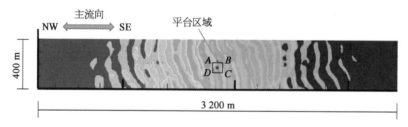

图 7 - 24 模型计算范围示意

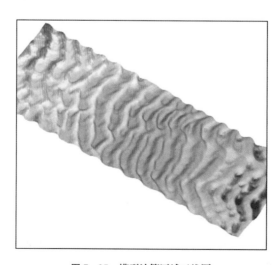

图 7 - 25 模型计算区域三维图

7.3.3　实测流速下不同时期沙波高程的变化

基于 P 平台附近观测速度,对 2017 年 7 月—2018 年 5 月 11 个月的沙波地形演变进行模拟。为了进行模拟计算,将 11 个月的实测流速投影到主流速方向上。结果显示 1 月、5 月、11 月、12 月的内波发生频率较高,流速可达 1.0 m/s 以上,4 月、8 月、9 月、10 月内波发生频率较低,而 2 月、3 月、7 月内波发生频率更低;4 月、5 月、10 月、11 月的流速方向为向海,而 2 月、3 月的流速方向为向岸[12]。

图 7 - 26～图 7 - 28 所示分别为主流向上 AB 桩腿、平台中心、CD 桩腿连线所在三个截面在 11 个月不同的实测流速下海床高程的变化,将其分别简称为 A、B、C 截面。图 7 - 29

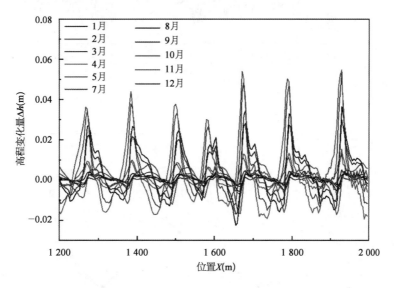

图 7 - 26　11 个月 A 截面地形变化值

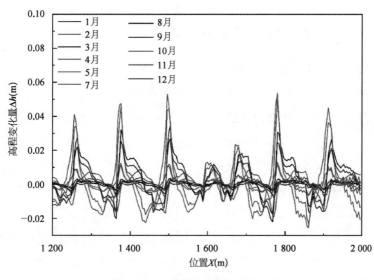

图 7 - 27　11 个月 B 截面地形变化值

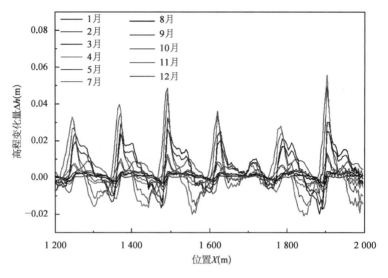

图 7 - 28　11 个月 C 截面地形变化值

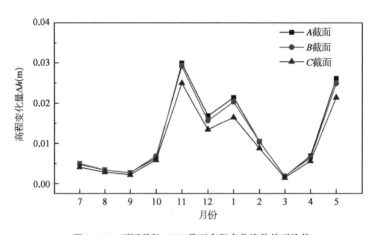

图 7 - 29　不同月份 ABC 截面高程变化峰值的平均值

所示为三个截面高程变化峰值的平均值在 11 个月的变化情况。可以发现在三个截面中地形的变化量基本符合同一规律,可以根据地形变化量的大小将这 11 个月分为 4 个级别:① 极小区:3 月、7 月、8 月、9 月,其地形变化在 0.005 m 以内,变化很小;② 偏小区:2 月、4 月、10 月,其地形变化较大区域的峰值普遍在 0.01～0.02 m 范围内;③ 偏大区:1 月、12 月,其地形变化较大区域的峰值普遍在 0.02～0.03 m 范围内;④ 极大区:5 月、11 月,其地形变化较大区域的峰值普遍大于 0.03 m,最大可达 0.056 m。故在该地形下,1 月、5 月、11 月、12 月的流速将会导致沙波地形的较大变化,需多加注意防护。而对应初始地形,通过分析地形高程的变化,发现 1 月、4 月、5 月、10 月、11 月、12 月的沙波运动方向为向海,2 月、3 月、7 月、8 月、9 月的沙波运动方向为向岸,这与上文通过流速判断的流速方向基本一致。总体看来沙波在一年不同时期内,底面高程的变化及移动的趋势并不是完全相同的。在内波频率高、流速大的时间段,沙波的移动趋势普遍是向海的,而相反沙波运动较弱的时间段,海底流速中向岸的分量比重更大一些,沙波的移动趋势为向岸,这表明海底沙波的移动也是一个往复的过程,但是整体是向海推移的[12]。

7.3.4　实测流速下平台桩腿处地形的变化

以上结果表明:一般在 5 月、11 月的海底泥沙运动更加强烈,海底沙波的移动距离、高程变化幅度更大。本节将以 5 月为例对 P 平台中心及四个桩腿沿内波主流向方向连线所在截面进行剖面分析。图 7-30 所示为 5 月平台中心所位于的主流向剖面底面高程变化情况,左侧为岸向,右侧为海向。平台中心位于当前沙波的向海一侧,相对于主流方向为背流侧(主流的方向也为向海向)。在较大流速的作用下,沙波迎流向发生泥沙侵蚀使床面高程降低;在背流向泥沙发生沉积使床面高程升高,整体表现为沙波波峰沿最大流向方向发生移动。平台中心位置的床面高程呈增高趋势。

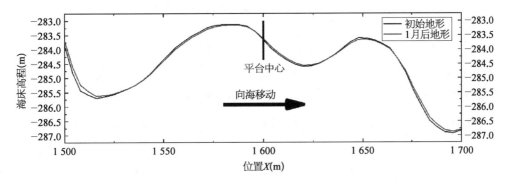

图 7-30　P 平台中心高程变化及沙波活动情况(5 月)

对桩腿坐标位置分析表明:桩腿 A、B 连线近似位于同一剖面线上。图 7-31 所示为桩腿 A、B 所在剖面上的沙波活动及高程变化。桩腿 A、B 均位于沙波的迎流向,在沙波向海移动的过程中,迎流侧(背海侧)呈现冲刷趋势,背流侧(向海侧)呈现淤积的趋势。桩腿 A 和 B 处床面高程均呈降低趋势,且桩腿 A 的降低程度要小于桩腿 B。

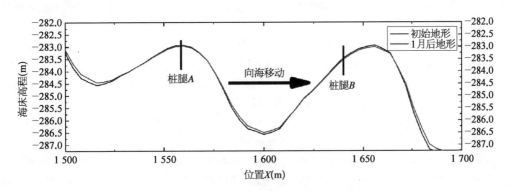

图 7-31　P 平台 A、B 桩腿位置截面高程及变化量(5 月)

相同地,桩腿 C、D 同样近似位于同一剖面线上。图 7-32 所示为桩腿 C、D 所在剖面上的沙波活动及高程变化。桩腿 D 同样均位于沙波的迎流向(背海侧),其床面高程变化趋势与桩腿 A、B 相同,为床面降低的趋势,桩腿 C 位于沙波波谷处,高程呈现较小的提高趋势。且桩腿 C 处沙波高程的变化程度要小于桩腿 D。

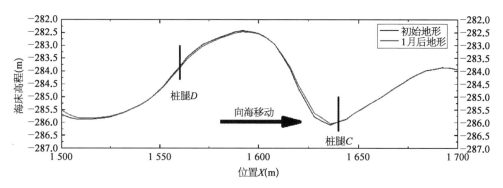

图 7-32 P 平台 C、D 桩腿位置截面高程及变化量(5 月)

桩腿 A、B、D 由于均位于沙波的迎流向,床面以冲刷特性为主,故床面高程均为降低趋势,桩腿 C 处沙波变化极小,呈现微小的提高。变化由小到大依次为 C、A、B、D,分别为 0.002 m、0.005 m、0.011 m、0.012 m,平台附近沙波高程变化最高可达 0.05 m。基于上述各个桩腿位置处的泥沙冲淤深度预测,可以为将来桩腿冲刷防护设计等提供科学依据。

参 考 文 献

[1] 单红仙,沈泽中,刘晓磊,等.海底沙波分类与演化研究进展[J].中国海洋大学学报,2017,47(10):73-82.

[2] 张洪运,庄丽华,阎军,等.南海北部东沙群岛西部海域的海底沙波与内波的研究进展[J].海洋科学,2017,41(10):149-157.

[3] 尹汉军,付殿福.300 米级深水导管架在南海陆坡区应用的挑战与关键技术研究[J].中国海上油气,2022,34(1):147-154.

[4] Fringer O B, Gerritsen M, Street R L. An unstructured-grid, finite-volume, nonhydrostatic, parallel coastal ocean simulator [J]. Ocean Modelling, 2006, 14(3): 139-173.

[5] Mellor G L, Yamada T. Development of a turbulence closure model for geophysical fluid problems [J]. Reviews of Geophysics, 1982, 20(4): 851-875.

[6] Galperin B, Kantha L H, Hassid S. A quasi-equilibrium turbulent energy model for geophysical flows [J]. Journal of the Atmospheric Sciences, 1988, 45(1): 55-62.

[7] Zang Z, Zhang Y, Chen T, et al. A numerical simulation of internal wave propagation on a continental slope and its influence on sediment transport[J]. Journal of Marine Science and Engineering, 2023, 11: 517.

[8]　徐宋昀,许惠平,耿明会,等.南海东沙海域内孤立波形态研究[J].海洋学研究,2016,34(4):1-9.

[9]　Soulsby R L,Whitehouse R J S W. Threshold of sediment motion in coastal environments [C]// Pacific Coasts and Ports'97. Proceedings:Christchurch, New Zealand, 1997, 1:149-154.

[10]　Soulsby R. Dynamics of marine sands:A manual for practical applications [M]. London:Thomas Telford,1997.

[11]　Meyer-Peter E,Müller R. Formulas for bed-load transport [C]. Rep. 2nd Meet. Int. Assoc. Hydraulics Struture Research. Stokholm,Sweden,1948:39-62.

[12]　Zhang Y,Zang Z,Yi Q,et al. Simulation of migration of sand waves under currents induced by internal waves[C]. Proceedings of 10th International conference on Asian and pacific coasts (APAC 2019),Honoi, Vietnam,2019:457-462.

第 8 章

海底沙波工程影响及
处置措施

海底沙波长期处于海洋水动力的作用之下,处于不断运动状态。具有活动性的海底沙波会对海底浅基础构筑物的安全造成严重威胁,如引起海底管道的裸露、掏空和断裂,酿成重大工程事故。此外,海底沙波活动还可能造成沙层突然滑塌,存在导致钻塔、平台等海底构筑物地基失稳的危险,以及在近岸处淤积港口航道等。因此,认识该类灾害发生和发展过程,研究海底动力及底形的发育、演化和运动规律,最大限度地减少和防止海底工程事故,已成为海洋地质和海洋工程领域最受关注的课题之一。本章将对海底沙波的工程影响及处置措施进行详细阐述[1]。

8.1 海底沙波的工程影响

8.1.1 对海底管道工程的影响

海底管道担负着输送石油天然气的重要任务。近年来,长距离海底油气管道在海洋石油开发中需求不断增加,地位和作用变得愈发重要。长输海底管道较短输海底管道在理论上存在更大的失效概率,海底沙波的分布形态及活动规律对海底管道的工程施工和安全运行均会造成较大的影响。只有在设计和维护阶段正确认识和评估海底沙波等地质灾害的影响,才能采取积极有效的预防措施,保证海底管道在役期间的安全运行。海底沙波对于海底管道工程的影响可以从管道工程施工期和服役期两方面来分别考虑[1]。

1) 施工期的影响分析

海底沙波在管道工程施工方面的影响主要表现在对铺管过程中的张力的影响及对埋设深度的影响。相对于平坦的海床,在沙波区铺管所需的牵引力会因地势的变化而发生松紧变化,因此对于铺管船的牵引速度和牵引力的实时调整要求很高。尤其在不对称的沙波区由沙波波峰向背流坡运动时,坡度的影响可引起最大牵引力的改变。此外,在管道埋设厚度上,无论是采用挖沟犁或是喷射水流等方法在沙波区进行铺设,均很难控制管道的埋设深度,尤其在沙波波长是挖沟犁长度几倍或相近的情况[2]。

以挖沟犁方法为例,室内模型试验结果发现挖沟犁牵引力最大值出现沙波波峰之前趋近于波峰处,也就是爬坡阶段。随着沙波振幅(沙波波高/沙波波长)的增大,牵引力也显著增大。在爬坡时,挖沟深度基本保持不变,但当挖沟犁的刹车跨过沙波的波峰向两波峰间的波谷运动时,挖沟犁的后部会抬起,因此挖沟的深度也会突然减小,很难保证此时管道的埋设厚度。挖沟犁在沙波区易产生操作问题,原因包括:① 沟基剖面不均匀(导致管道沟槽偏离规划的直线);② 沟深变化(有的地方覆盖深度不够,无法防止动荡扣压或拖网板的撞击);③ 与平床情况相比,牵引力增加(减缓了犁的进度或需要更多的系缆拉力,因此需要多次犁地);④ 矸石堆分布不均(减少潜在的回填覆盖深度)[2]。

起伏的海床与管道的相互作用使得管道在铺设过程中存在残余张力,以致其在运行过程中更加容易发生屈曲甚至压溃,影响管道的安全。

采用铺管船法进行海底管道的铺设时,铺管船上的张紧器提供的张力一部分用于承担海底管道的水下重量,另一部分用于平衡铺设过程中海底管道在海床上的残余张力(图 8-1)[3]。残余张力计算过程为

$$T_{Bottom} = T - (W_{Sub}d_{min} + W_{Dry}f_e) \tag{8-1}$$

式中　T_{Bottom}——海管铺设残余张力;

　　　　T——铺管船张力;

　　　W_{Sub}——海管水下重;

　　　d_{min}——最小水深(相对于 MSL);

　　　W_{Dry}——海管空气中重;

　　　f_e——船甲板高度。

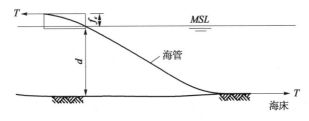

图 8-1　海管铺设残余张力示意

2) 服役期的影响分析

在欧洲的北海及我国南海北部湾等地有上千公里长的海底管道,这些管道有时必须经过沙波海域。如果沙波迁移并暴露管道,就会形成威胁,可能会产生自由跨度,从而导致重力引起的应力。此外,由于在这些自由跨度下产生的湍流,管道可能会开始振动。振动还会引起额外的应力,这可能会导致管道弯曲、断裂或弯曲。管道穿越沙波区的风险可分为两类:第一类风险涉及因管道故障导致管道内的碳氢化合物释放,这可能会导致环境灾难;第二类风险涉及管道在海床内或海床上的实际存在,成为其他海上活动的潜在障碍。例如,渔网或锚可能被钩在管道下面,管道或电缆可能会被船锚或渔具损坏。有几个因素可能导致管道破裂。其中一个因素是设计、生产或安装错误造成的机械故障。不稳定性可能是造成管道损坏的第二个潜在原因。由于极端的流体动力,管道可能变得不稳定,由此产生的巨大张力又会导致管道弯曲或爆裂。这也可能发生在管道周围和下方的重大局部侵蚀之后。因此,沙波的高度和迁移速度是海底管道和电缆的重要设计参数[2]。

在海底管道铺设到海床之后,由于管道位置通常保持相对固定,而沙波在波浪、潮流等作用下会发生迁移,将可能导致管道在某些部位发生掩埋,而在另外一些部位则发生暴露和悬空,对结构的安全产生影响(图8-2)。较为特殊的是,当新月形沙波垂直于管道路线移动,整个自由跨度可能会逐渐消失,但同时会在沙波两端形成新的自由跨度[4]。

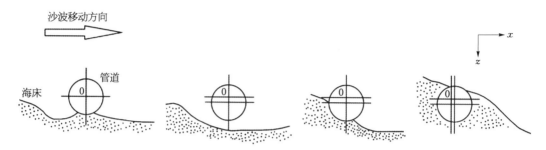

图8-2 沙波运动引起的自由跨度下沉和弯曲演化示意

沙波在不同水动力作用下不断变化,包括底形尺度(波长、波高)变化和底形迁移。沙波区海底底形主要被沙波的移动和局部的冲蚀作用所塑造。沙波通常两侧坡度不一,如迎流坡平缓,主要受到侵蚀,泥沙不断移走,在其上铺设的管线易受长期侵蚀而被长距离掏空;背流坡相对较陡,陡坡前易出现局部环流,导致陡坡受淤积也可受环流的侵蚀,特别是受纵向泥沙迁移的影响可能导致陡坡强烈侵蚀,管线之下容易发育较深的坑槽[5]。管线周围流场的改变不仅会造成海底的冲蚀,还会在海管外形不均匀或海底底质相对薄弱处形成较强的涡流区,导致侵蚀深度加大,从而在管线下形成冲蚀坑。一旦冲蚀坑形成,管线出现悬跨,海管下水流速度增大,冲刷坑的规模会逐渐扩大。同时产生底流速增大,形成的沙波尺度将增大,大尺度沙波前部的凹坑也相应变大。往往在一次暴风浪期间,沙波波高显著增大,沙波前凹坑显著加深,管线附近的海底冲蚀沟扩大,管线悬跨高度和长度也随之扩大。如2004年东方海底管线的局部管段位于沙波向陆侧陡坡面上,受凹槽区强烈的北向潮流的影响,管线悬空达0.6 m,悬跨长度24 m,从而不得不采取潜水应急加固措施。

当管线铺设后并未完全入泥,凸起的海底管线会导致管线周围水动力条件发生改变,进而影响海底地形。海底底质差异、管线自身差异、台风过境时强底流冲刷和管线束流作用都有可能致使管线周围出现利于水流淘蚀的有利条件,造成管线周围水深加大,冲蚀坑不断扩大。

自由悬跨的管道更容易受到与过应力、疲劳和人类活动有关的结构破坏。自由悬跨部位的振动是由于海底管道后漩涡周期性的脱离引起的。每次漩涡脱离都会引起推力,导致管道出现相对应的反应。如果海底管道自由悬跨的自然周期与振动的频率一致,会引起共振或"锁定"发生,并导致高振幅振动。另外,如果波浪在海流中占主要部分,波浪的直接作用引起的循环应力可能导致疲劳失效。涡激振动对悬跨管道的疲劳寿命至关重要,Yang 等(2022)[6]利用有限元软件分析了含沙波海底管道的自由跨度和由此产生的涡激疲劳。研究表明,在运行条件下比空载条件下更容易发生涡激振动,自由悬跨长度与等效疲劳损伤相关联,几乎呈线性关系。自由悬跨段越长,越易发生疲劳损伤。沙波对管道跨径和涡激振动疲劳损伤有显著影响。对于具有大规模沙波的海床,需要对其进行额外的处理,以减少非沟槽式海床段。

研究发现连续的小沙波有利于管道的自埋过程,而孤立的大沙波由于迁移速度慢,会对管道构成潜在威胁,使跨度无法在短时间内恢复。由于管道周围的冲刷,管道的自我掩埋可能会弥补迁移的损失。冲刷的时间尺度为数天,而管道的自埋的时间尺度估计为数月。柔性管道可能足够经受住这些条件变化。然而,在相对快速迁移的沙波和管道刚度较大的情况下,自埋机制可能太慢,无法恢复管道支撑。对管道的维护应在检查沙浪迁移速度及其模式的基础上考虑。因此,在选择管道路线时,考虑这些潜在的影响因素是很重要的。

自由跨度也可能是由沙波不对称性的变化引起的,即沙波形状的变化,而与它们的迁移无关。由于大的测量误差,这种不对称性的变化可能被错误地识别为迁移。因此,文献中的沙波迁移数据并不总是可靠的,这种不对称性的变化可能是由穿过沙波场的水运动的变化引起的。

在沙波区一次大的台风过程,可以造成沙波长距离的移动,也可以夷平小规模的沙波,使管线震动下沉、悬空迁移、变小甚至消失,但也可能形成新的悬空段;在沙波不发育的区段,特别是近岸浅水区,水动力冲蚀软弱海底形成冲刷沟槽,也造成管线产生新的悬空段。沙波的活动可造成管道悬跨,对管道受力的影响很大,严重威胁管道的安全运营。

Morelissen 等将动态沙浪模型和管道-海床相互作用模型结合,用以确定潜在的管道暴露问题。他通过将沙波振幅减小至原型的 25%,模拟了疏浚对穿越沙波区管道暴露情况的影响,提出疏浚工程不一定会导致海底管道大面积暴露。模拟结果显示了相对快速的降低和掩埋,这是管道自降和泥沙回填的综合效果。暴露的管道段几乎消失,沙波的再生(振幅的放大)加强了管道的埋藏[7]。

在某些条件下,管道可能会具有自埋的趋势。首先,发生隧道侵蚀,该过程直接去除管道下方的沙子,管道在数小时到数天的时间范围内下降;管道下游的湍流增加,导致在数周到数月的时间尺度上形成冲刷坑。由于振荡潮汐运动,冲刷坑在管道的两侧形成,因此管道逐渐下沉到海床中。此外,管道还可以在顶部配备一个扰流板,增加管道下沉到海床的速度;一旦管道下沉到足够深,海床上的冲坑局部流速减慢,泥沙逐渐沉降并掩埋管道,这个过程称为回填。

铺设在沙波顶部的管道是弯曲的,因此它不会像在平床的情况下那样容易地沉入床中。此外,水流速度沿着沙波变化,使得预测管道的埋藏行为变得更加困难。有关海床行为及其与管道相互作用的知识有助于优化设计,从而最大限度地降低总成本。这就需要对沙波的迁移率进行预测。由于管道沿着河床的轮廓,还需要了解沙波整个剖面的行为,而不仅仅是波峰和波谷的行为。此外还有必要了解管道自身进入海床的程度。

8.1.2 海底沙波对其他工程项目的影响

驶往港口的船舶,都需要通过港口航道进入。此类航道必须足够宽且足够深,以便船舶安全通过。如果航道变得太浅,则必须进行疏浚。同时,还需向海员提供水深信息,以便他们可以安全地通行。此项就是通过发布的海图来完成的,海图描绘了海床的最小深度及有关障碍物的信息[4]。

沙波的迁移和季节性变化或沙波的不对称性都会改变地形,并可能影响最小水深。如果这些问题发生在主航道上,就会造成影响。如果间隙很小,则一些超大型的油轮就可能无法通过。因此,航道管理中需要对周边区域进行监测以了解周围可能存在的沙波流动性问题,这一现象在欧洲北海大部分港口区域都普遍存在。在荷兰,北海管理局和皇家海军对航道内沙波海床的时间变化重点关注,主要以海床位置的频率分布和置信区间的形式呈现,同时还需要了解水深的极值统计,而沙波运动特征等相关知识可以为所需的统计分析提供必要的信息。

在北海海域的采沙作业,很多时候是通过对海底沙波的挖掘开采得到的(图8-3)。这些开采来的海沙可用于海滩养护、土地复垦及建筑产业等。同时对于这些海底沙波的开挖,很多时候也是由于航道维护疏浚的需要,因为它们可能对航道通航构成威胁。目前尚不清楚疏浚和开采对于海底沙波的影响及开挖后的沙波是否会重新生成新的沙波。如果沙波会重新生成,是否会恢复到原来的高度及恢复速度都是未知的。海底沙波演变方面的知识将有助于对航道通行安全的评估,以及对于航道疏浚方案的设计[4]。Knaapen和Hulscher开发了海底沙波运移的经验模型,模型基于该区域的时间和空间测量,描述了该区域内沙波的演变,这对于航道疏浚成本控制及确定最有效的沙波监测间隔具有重要作用[8]。

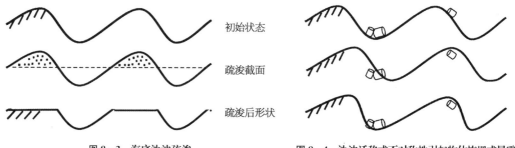

图8-3 海底沙波疏浚   图8-4 沙波迁移或不对称性引起物体掩埋或暴露

由于沙波的迁移及增长,原本存在海床之上的物体可能会被掩埋(图8-4),这其中有可能是盛放危险材料的沉船、矿井和集装箱等物体。这些物体被掩埋之后会在海床上处于静止状态。有些情况下,这些物体也可能会再次暴露在外,并对环境构成直接危害(例如化学废物泄漏）。掩埋和暴露之间的时间称为停留时间。不仅床型的水平位移很重要，物体的垂直位移——自埋，对停留时间也有影响。这些物体的停留时间是建立观测方案的一个重要因素。只有充分了解当地海底沙波的运动变化趋势，才能优化观测方案，从而降低相关的费用[4]。

8.2 沙波区海底管道处置方案

为了防止和减少活动性沙波引起的工程灾害，在工程选址时应尽可能避开此类区域；当工程布置无法避开时，则需对活动性底形海区做详细、有针对性的调查研究，查明沙波的分布、形态特征、动力环境和底形的迁移活动性，以便在工程设计、施工、运行阶段采取相应的对策与措施。

克服沙波问题的一种方法是在沙波场周围铺设管道，而不是跨过沙波场。通常情况下这不是一个较好的选择，因为所考虑的沙波场太大，因此需要更长的管道。另外，该问题最直接的解决方案是为穿越沙波区的海底管道挖设管沟，这样沙波迁移的威胁就会较小。此方案有效，但成本高昂，且存在一些关键问题，比如管沟的有效深度如何确定，这需要综合考虑疏浚成本、管道建设成本、监测成本和风险等因素[4]。

有关沙波行为的知识不仅可以减少调查工作从而降低成本，还可以进一步提高测量的准确性并帮助其解释说明。此外，这些知识可用于在管道报废后降低成本，海床上的此类物体可能危及航行、渔业和海洋环境。

尽管沙波不能用肉眼直接看到，但它们对一系列海上活动构成了威胁。它们的时间尺度（年）、长度尺度（数百米）和高度（米）的组合使它们成为不可忽视的床位特征。在海洋工程中关于海底沙波经常遇到的问题，比如在哪些条件下沙波是动态的（水平和垂直运动），典型的时空尺度是什么。沙波的几个方面问题可得到解答，波长的估计值及其迁移率都可知。此外，如果在某个区域有几年的数据，就可以描述该区域沙波的演变，并可以预测近期海床的位置。但是，后者技术基于数据同化，因此结果仅对数据来源的位置有效。这需要基于描述非线性动力学的物理原理的模型的使用[4]。

深入了解沙波迁移会对估计航道、管道和埋藏物体的最佳监测频率有重大帮助。此外，还需要更深入地了解沙波的高度演变，以便确定在沙波过高并对航行构成威胁的情况下应该疏浚的时间和数量。在知道沙波被疏浚后的恢复率时，可以优化监测频率和疏浚工程沙量。

8.2.1 海底沙波地形监测

在管道服役期需要按时进行多次路由水深调查，首先，进行勘察作业以清查拟铺设管线区域的海底剖面；之后更精确地测量所选择的路线；在管道施工前，再次勘测路线，以掌握最新的海底状况信息；管道铺设完成后，检查整条管道及其周围环境；在管道的整个生命周期内，每年对该区域进行监测。

　　国外研究者多采用定位重复测量水深的方法对海底沙波的迁移进行观测，并用剖面对比研究地貌演化，这是目前最直接也是最有效的方法，尤其是对于单个大尺度的海底沙波。需要对某海域进行定期的水深测量，然后对比多次测量的水深数据得到迁移的距离，计算出沙波迁移速率。这种方法测量次数多、时间短且不连续，单从间断的水深数据不能完全准确地判定迁移的实际距离，进行长期观测应是今后工作的重中之重。截至目前，各学者对不同海域海底沙波迁移的观测和预测做了大量的研究工作，但要想实现沙波的长期原位观测，准确地预测迁移速率和方向，还需要长期深入的研究[9]。

　　现在海底沙波迁移的观测手段有多种方式，各种精密仪器的使用，使人们更加了解沙波的形态特征和动力行为，对工程项目和科学研究都提供了很大的帮助。目前常用的水下地形测量技术主要有[9]：

　　1）船基海底地形测量

　　传统船基海底地形测量主要借助船载单波束/多波束回声测深仪开展水深测量，同步开展潮位、定位和声速测量是目前最常用的海底地形测量技术。该技术已在设备性能、测量模式、数据处理方法等方面发生了深刻变化，充分体现了测深的高精度、高分辨率和高效测量特点。

　　2）机载激光雷达测深技术

　　机载激光雷达测深技术（ALB技术）主要借助红外、绿激光，通过检测海表和海底回波实现测深。同多波束测深技术一样，ALB技术可实现全覆盖测量，其作业效率更高，对于解决近岸浅水、潮间带等地形测量相较其他测量方法更具优势。但由于易受海水浊度影响，激光穿透性能下降，测深能力不足、测深精度降低。因而未来在硬件方面将朝着性能改进和单绿激光方向发展。

　　3）潜基海底地形测量技术

　　为了提高海底地形地貌信息获取的分辨率和精度，满足海洋科学研究和工程应用需要，以自主水下航行器、遥控无人潜水器和深拖系统为平台，携载多波束测深系统、侧扫声呐系统、压力传感器、超短基线系统于一体的潜基海底地形地貌测量系统已经面世，并在我国一些重点勘测水域和工程中得到了应用。潜基海底地形地貌测量系统借助超短基线定位系统、罗经、姿态传感器和压力传感器为平台提供绝对平面和垂直坐标，利用多波束测深系统和侧扫声呐获得海底地形和地貌信息，并将信息通过电缆传输到船载存储和处理单元，综合计算获得海底地形。

4）卫星遥感反演水深技术

借助电磁波在水中传播和反射后的光谱变化,结合实测水深,构建反演模型,实现大面积水深反演,再结合遥感成像时刻水位反算得到海底地形。可用数据以多光谱和合成口径雷达影像为主,主要来源于 IRS、IKONOS 等卫星数据。卫星遥感反演水深具有经济、灵活等优点,但反演精度及范围需提高。

5）声呐图像反演高分辨率海底地形

在浅水,高精度和高分辨率海底地形主要借助多波束测深系统获得,但在深水其测深分辨率会随波束入射角和水深增大而显著降低。侧扫声呐通过深拖可获得 20～100 倍于测深分辨率的海底声呐图像,基于侧扫声呐成像机理及光照理论,可实现基于声呐图像的海底高分辨率地形反演。

通过研究人员对北海南部海湾约 9 km 的一段管道路由的海底沙波地貌的勘探可知,沙波的波峰几乎垂直于管道和水流的主要方向。管道的位置一般是非常稳定的,它为海图上的测深测量提供了一个可靠的参考位置。这个参考位置对于研究沙波迁移很重要。管道本身的位置仅通过几次测量给出。水平定位总误差小于±10 m,海床垂直位置的总误差在 0.2 m 左右。为了将实测数据与沙波模型获得的结果进行比较,使用基于低通滤波器从数据集中推导出平均床层剖面。随后,从原始数据中减去该平均底部剖面以分离沙波剖面,如图 8-5 所示[4]。

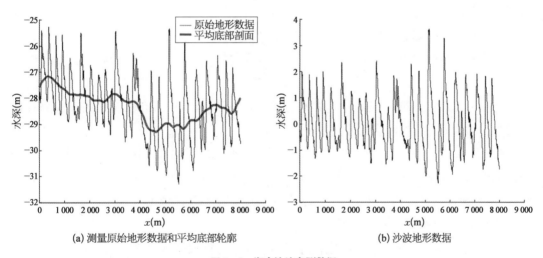

(a) 测量原始地形数据和平均底部轮廓　　　　(b) 沙波地形数据

图 8-5　海底沙波实测数据

图中的沙波波长在 400 m 左右,平均高度约为 3 m(平均水深的 10%)。因为沙波的波峰不是垂直于管道走向,而是呈一个小角度。本区域内最大沙波高度为 6 m(平均水深的20%)。此外,它们不对称地朝向北方,与当地余流方向相一致,这更进一步地与发现的沙波向北迁移相吻合。沙波的迁移率是通过比较连续的数据集来评估的,并且在整个域内变化。

8.2.2　海底管道路由沙波整治措施

沙波沙脊区海底管道工程应对措施一直是各国海洋工程领域急需解决的重要课题，目前国际上没有一种通用的方案可以解决全部海底管道穿越沙波的问题。尽可能优化路由设计，避开沙波、沙脊等复杂地貌区域是海底管道设计的首选方案。在不同的海底管道路由区，需要结合前期的海洋地球物理勘查结果，针对不同的海底地形地貌、水动力条件、海床稳定性、土壤条件等，提出不同的施工维护方案。海床预处理和铺设后处理修正悬跨，是穿越沙波区海底管道在建设阶段最常见的应对措施。海管铺设后部分悬跨不满足临时工况的要求，在铺管前就需要对海床进行处理，即预处理；海管运行期对悬跨要求更加严格，在运行期之前，海管悬跨通常还需要处理，即后处理；对于一些大型和巨型沙波，既需要预处理又需要后处理。具体应对措施需要根据各工况的设计要求、施工船舶机具及工程投资等进行综合考虑[10]。

对于穿越沙波沙脊区域的海底管道，需要根据最大允许悬跨值开展海床的不平整度分析，根据分析结果开展海床预处理。海床预处理，即对海床不平整度分析中不满足最大允许悬跨要求的海床区域采用相关挖沟设备除去海床上凸出部分，以使海底管道与海床充分接触，达到减小海底管道自由悬跨长度的目的，保障海底管道安装期间的安全。

为保障海底管道安装期间的安全，需要对自由悬跨超标区域的海床进行预处理。在进行海床预处理前，需利用海底管道不平整度分析确定海床预处理范围，尽可能地对海床预处理方案进行优化，减少海床预处理的工程量。在海底管道铺设前，采用挖沟设备对自由悬跨超标区域进行挖沟处理。海底管道铺设就位后需要及时进行后调查，发现自由悬跨长度超过最大允许长度立即进行后挖沟，避免海底管道发生破坏。如下为一些项目实例：

（1）东方1-1气田开发项目。为应对沙波沙脊，外输海管采取的措施是根据允许悬跨进行海管铺设后挖沟，总计处理15个分段，约53.95 km，最大悬跨高度小于0.1 m的自由悬跨不考虑处理。2004年6月、7月东方1-1海底管道后调查和状态检测发现海管悬跨段共33处，采用填充沙袋的方式进行悬跨处理。

（2）乐东22-1/15-1气田开发项目。外输海管采取了局部优化路由设计方案，在部分区段将海管优化为路由向东偏移，避开沙波，经波谷通过。仅穿越部分沙波，地形坡度减缓，海管铺设后悬跨长度减小。在安装阶段实施后挖沟及回填的方式应对海底沙波，后挖沟总计10个分段，约49.4 km。

（3）番禺/惠州天然气海管项目。海底沙波在部分区段造成分布广泛、数量密集的悬跨。随着时间的推移，海管会逐渐下陷到海底，呈长期向好的发展趋势。沙波的横向迁移一方面导致老的悬跨消失，同时也会导致新悬跨的形成。因此沙波区的悬跨是随时间变化最频繁的区域，是每次海管检测的重点。根据沙波移动方向，对于目前悬跨不是特别严重且即将发生掩埋的海管悬跨段，可以不处理；而对于悬跨严重的路由段，仍采用沙袋支撑的办法处理。

（4）荔湾 3-1 气田开发项目。根据不平整度分析,海管路由的应对措施为对部分路由段的海床进行预处理或海管局部改线。预处理挖沟宽度为 10 m,允许管道铺设公差为 ±5 m,预计处理土方量分别为 4 万 m³。作为替代方案,优化设计海管路由以避开海床特征的方案。

（5）陆丰 7-2 油田开发项目。在调查区南部分布沙波,波长最大为 40 m,波高约 0.4 m。海底沉积物重力取样确认为松散粉质细砂,但底层流速较慢。在一般水动力条件下,认为沙波是相对稳定的。在台风等极端水动力条件下,底层流速会增加,沙波会在一定程度上相对移动。依据不平整度分析,沙波区应对措施为对沙波海床进行铺设前预处理,最大挖沟深度 0.327 m。

（6）陆丰 13-1 至陆丰 13-2 海管更换项目。在正常气候条件下,底流流速较小,引起沙波移动的距离极小,海底沙波基本处于稳定状态。但是在强台风等强水动力条件下,底流流速增大,沙波会发生一定的移动。经过不平整度分析确定海管路由应对沙波的处理措施是对 14 处、总长度约 1 064 m 的海床进行铺设前预处理,最大挖沟深度 2.52 m。在海床预处理的基础上,进行后挖沟修正海管悬跨,后挖沟 20 处,总长度约 1 328 m,最大挖沟深度 2.09 m。

（7）陆丰油田区域开发项目。根据为期一年的沙波监测结果,区域内大型海底沙波未发生明显整体运移,局部小型沙波存在运移。根据不平整度分析与悬跨分析,69 km 海管在临时工况条件下不需要进行海床预处理。为了满足运行期的海管疲劳要求,需要进行后处理,处理位置总长度约 3 km,挖沟深度 1 m。

8.2.3　海底管道悬跨整治措施

海底管线的安全维护和修复工作,必须考虑到海底水动力环境的特殊性。水下环境的水动力条件是造成海底地貌变化的主要因素之一,因为海底的海流会造成沉积物的侵蚀、搬运和沉积。这些动力过程会严重影响海底管线的安全性。因此在高分辨率海底地球物理调查的基础上,必要时结合潜水员海底管线探摸资料、海底水动力条件、底质调查、海底管道附近存在的冲刷位置、冲刷坑深度和范围等资料,才能提出合理的海底管线悬空综合治理方案。为了将潜在危险对管线的危害降低到最低程度,首先要在调查中识别出环境灾害,然后采取相应措施来保护管线不受这些灾害的危害。治理海管附近冲刷,进而减少或消除管道悬空的方法主要有以下几种类型:① 用砂袋、钢筋笼、灰浆气囊袋、水下短桩、升高枕或机械装置等支撑管道;② 回填被掏空的海床;③ 在管道上压载保护性沉床;④ 固定管道;⑤ 柔性保护措施,如人工海草、人工网垫、阻流板等。也可采用复合方法来治理海管悬空,如抛砂袋结合混凝土覆盖、块体沉床(砾石+过滤布+混凝土块体)、沉床+人工海草等[11]。

保护方法的选择,水深是起决定作用的相关因素之一,必须充分考虑到水深条件。还要考虑到防护效果、成本、海底管道悬空范围、是否有人工潜水作业或遥控系统条件、潜水员水下工作量等,要尽可能做到既解决安全保护问题,又节约开支。下面重点讨论人工海草、碎石回填、沉排的防护效果[11]。

1) 人工海草防护方案

针对茂名单点系泊码头海底管线埋藏现状,中国科学院海洋研究所设计并加工定制了两种规格的人工海草,在茂名海底输油管线悬空路段成功完成人工海草的海底种植安装。防护方案实施 5 个月之后通过潜水人员水下检测、海流测量等工作,检查了水深处海底人工海草的状态。检测发现,人工海草尚未被破坏时,确实具有明显降低海流流速和促进泥沙淤积的功能。1 m 高的人工海草实际效果要好于 50 cm 高的人工海草;尽管海草草体已吸附了大量悬浮泥沙,多数海草出现倒伏和部分掩埋的现象,但仍然可降低流速15%~20%;人工海草垫直接铺设于海底管线之上,比铺设于海底管线之一侧更有利于管线的保护[11]。

由于人工海草安装所在海域属于传统的渔猎场所,大量的拖网捕鱼船只在此拖网捕鱼、捕虾,对安装种植的人工海草具有致命的、毁灭性的破坏,人工海草已丢失,已不能起到保护海管的作用。在采取悬跨处置措施之前,应进行南海北部海管悬跨动态发展分析。根据海床沉积物特征、底部流速等判断不稳定海床的产生和扩展趋势,对底部流速较大、沙波尺度较大的区域密切监测悬跨变化情况,并根据严重程度及时治理。需要说明的是,由于南海北部典型路由区的底质主要为非液化性砂土或强度较高的黏土,冲刷进展产生自埋的可能性较低[11]。

2) 碎石回填防护方案

潜水员对茂名 223 线经过砾石填埋处理的线段进行水下检查,确认该段海底管线及管线两侧冲刷形成的凹坑已经全部被小石子填埋,潜水员需扒开石子才能找到管线,石子厚度距离海底管线顶部 10~15 cm,石子表面较平整,石子填埋宽度为海底管线两侧各 3 m,填埋效果良好。经过砾石回填处理的海床稳定、平坦,管线两侧冲刷坑填埋充实,这将对海底管线管体起到良好的衬托作用。

2009 年对部分悬跨管道采用碎石回填,2010 年调查发现该段可见到成堆的碎石,海底管线出露程度明显降低,为 0.22~0.51 m,不超过海管外径 1/2,处于浅出露和中等出露状态,碎石回填区海管出露程度普遍减轻,说明采用碎石回填办法进行茂名单点系泊码头海管冲蚀区段维护还是比较有效的。当海床的承载力足以支撑倾倒材料时,可广泛用于修正悬空,也可与钢筋笼等其他方法联合使用,合适的碎石回填粒径参考海底管线悬空段附近的泥沙起动计算数据,比泥沙起动粒径略大。

3) 沉排防护方案

2006 年在茂名海底管道部分路由铺设了水泥沉排,2 年之后潜水员进行了水下检查,确认部分区段的海底管线上铺排的水泥沉排状态完整,排列整齐。但是个别区段管线仍处于比较严重的出露状态,出露高度分别在 0.1～0.8 m、0.5～0.8 m 变化,说明管线埋藏状态开始由恶化向好转的方向发展,沉排处理发挥了一定的作用。但个别路段管线沉排治理效果不明显,出露高度仍然继续增大,海管仍处于严重的出露状态。

总体来看,虽然 2010 年调查发现部分路段管线出露高度变小,管线埋藏状态开始由恶化向好转的方向发展,沉排处理发挥了一定的作用,但最严重的海管出露段和悬跨段均出现在沉排铺设区,个别路段管线沉排治理效果不明显,出露高度仍然继续增大,海管仍处于严重的出露状态。总之水泥沉排在水下稳定,可以保护海底管线使其免受外来损害,但其自身重量和回淤促淤缓慢也是不可忽视的弱点。

在茂名单点码头海底管道铺设海域主要开展了人工海草种植、沉排、碎石回填等几种海底管道治理措施,多年海底管线埋深变化趋势表明:人工海草确实具有明显降低流速和促进泥沙淤积的功能,该方法潜水员水下作业工作量较大,不宜在水深大于 40 m 的海域进行,为防止人工海草的丢失,应避开拖网捕捞海域,这样更有利于海底管道悬空的治理。铺设于管线上的水泥沉排在水下较稳定,可有效保护海底管线免受外来损害,但其自身重量和回淤促淤缓慢是不可忽视的弱点。经过砾石回填处理的海床稳定、平坦,管线两侧冲刷坑填埋充实,当海床的承载力足以支撑倾倒材料时,可广泛修正海管悬空[11]。

在南海的管道悬跨治理中,考虑到在役管道安全性和经济性等因素,所采用的方法基本上是以减小悬跨长度为目的,如水泥灌浆袋法、砂袋抛填法、抛石填埋法等。水泥灌浆袋法安全性较高,尤其对于在役管道降低悬跨处置施工风险,不稳定海床上容易造成支撑结构倾斜下陷。砂袋抛填法将多个内充砂和水泥的编织袋堆垛在管道悬跨处,南海多为支堆形式,砂袋之间的缝隙具有一定的拢沙作用,但因沉降和冲刷也会出现砂袋滑落倒塌的情况。抛石填埋法受限于作业方式和经济性等因素,南海主要采用支堆形式。碎石对海床的覆盖对冲刷有一定的抑制作用,并且便于维护。由于石块的落边效应,石堆形状会随着海床形状变化而重塑。抛石填埋法在番禺/惠州海管和东方 1-1 海管中都完成了应用实践,并且效果较好。综合考虑,对于置于不稳定海床上的海管悬跨,建议采用砂袋抛填法或抛石填埋法进行处置,根据施工资源、作业成本灵活选择。

参 考 文 献

[1] 孙永福,王琮,周其坤,等.海底沙波地貌演变及其对管道工程影响研究进展[J].海洋科学进展,2018,36(4):489-498.

[2] 陶慧刚,张效龙.沙波区海底电缆的埋设[J].海岸工程,2005,24(4):48-52.

[3] Bransby M F, Brown M, Hatherley A, et al. Pipeline plough performance in sand waves. Part 1:

model testing[J]. Canadian Geotechnical Journal, 2010, 47(1): 49 - 64.

[4] Németh A A. Modelling offshore sand waves [D]. The Netherlands: University of Twente, 2003.

[5] Pu J, Xu J, Li G. Self-burial and potential hazards of a submarine pipeline in the sand wave area in the South China Sea[J]. Journal of Pipeline Systems Engineering and Practice, 2013, 4(2): 124 - 130.

[6] Yang L, Luo C, Zang Z, et al. VIV Fatigue assessment of a PIP (pipe-in-pipe) pipeline in sand wave area in South China Sea[C]//The 32nd International Ocean and Polar Engineering Conference. OnePetro, 2022.

[7] Morelissen R, Hulscher S J M H, Knaapen M A F, et al. Mathematical modelling of sand wave migration and the interaction with pipelines[J]. Coastal Engineering, 2003, 48(3): 197 - 209.

[8] Knaapen M A F, Hulscher S J M H. Regeneration of dredged sand waves[J]. Coastal Engineering, 2020, 46 (4): 277 - 289.

[9] 赵建虎,欧阳永忠,王爱学.海底地形测量技术现状及发展趋势[J].测绘学报,2017,46(10): 1786 - 1794.

[10] 韩鹏,高军宝,汪方,等.沙波沙脊段海底管道不平整度分析及悬跨治理方法研究[J].石油工程建设, 2021,47(S1): 125 - 131.

[11] 庄丽华,阎军,李成钢.海底管道悬空防护与治理措施浅谈[J].海洋科学,2016,40(11): 65 - 73.